JN241016

Sustainability Mix
サステナビリティ・ミックス

CSR、ESG、SDGs、タクソノミー、次に来るもの

藤井敏彦［著］

日科技連

まえがき

第一次世界大戦に幻滅したアメリカの若手ジャーナリスト、ウォルター・リップマンが当時のアメリカ社会について洞察に富んだ、『パブリック・オピニオン(世論)』と題した本を上梓した[1]。民主主義に懐疑的であったリップマンの論考は当時広く受け入れられるものではなかった。しかしリップマンの人間観、“For the most part we do not first see, and then define. We define and then see.”(大半において我々はまず見て、それから判断をするのではない。あらかじめ判断をしたうえで見るのである)は、今なお箴言であろう[2]。

何がしか特定のレンズ(先入観、価値観)を通すことなしに虚心坦懐に対象を見ることは、困難なことであり、不可能なことでさえあるかもしれない。例えばカントがそうであったように「我々は実際のところ何を見ているのか」は、人間の世界理解の可能性についての哲学上のテーマともなってきた。ただ、本書では、ささやかな、そしておそらく大した成功は見込めそうにない試みとして、できる限り前提を外し「まず見て、そして考え」てみたい。企業はサステナビリティに取り組むべきという規範を所与とし、結論としてその再確認を行うことを避けようと思う。まず、現在世界で起こっていることを観察し、そのうえですべきことを考えたい。もっとも、20年近くCSRとつきあってきたロートルであるので「できる限り」という留保付きであるが。

本書の執筆にあたり多数の方に有益な助言をいただいた。また、日頃からさまざまなかたちで意見交換をさせていただいてきたことが執筆の後押しとも指針ともなった。本来お世話になったすべての方々のお名前をあげ感謝の意を表したいところではあるが、紙幅の都合上、構想、執筆の段階で相談に乗っていただいた方々、また草稿に目を通していただいた方々に特別な感謝を捧げたい。株式会社日本総合研究所・足達英一郎氏、株式会社レスポンスアビリティ・足立直樹氏、特定非営利活動法人経済人コー円卓会議日本委員会・石田寛氏、EY新日本有限責任監査法人・牛島慶一氏、三菱UFJリサーチ&コンサルティング株式会社・奥野麻衣子氏、株式会社クレアン・薗田綾子氏、双日株式会社・宮野寛子氏、株式会社エナジェティックグリーン・和田征樹氏。また、株式会社日立製作所の木下由香子氏にはEUの政策動向について貴重な助言をいただいた。みなさんお忙しい中、本当にありがとうございました。また、筆者の最初の出版となった『ヨーロッパのCSRと日本のCSR』以来、編集の労をとっていただいてきた株式会社日科技連出版社の木村修氏は今回も遅々として進まぬ執筆を温かく見守りつつ常に適切な指摘をくださった。本書の完成が木村氏の忍耐力と導きに負うところ大であることはあきらかである。心より感謝したい。

2019年9月

藤井敏彦

まえがきの参考文献

[1] ウォルター・リップマン 著、掛川トミ子 訳：『世論〈上・下〉』、岩波書店、1987年。
[2] Jon Meacham："Mueller Offers a Lesson in the Power of Reason Over Passion", *TIME*, March 28, 2019.
http://time.com/5560225/jon-meacham-lessons-from-mueller-report/

サステナビリティ・ミックス
CSR、ESG、SDGs、タクソノミー、次に来るもの

目　次

装丁・本文デザイン＝さおとめの事務所

第1章

企業を取り囲む
サステナビリティ・マップの変貌

1.1　サステナビリティ・マップ 2003

1.1.1　2003 年 CSR 元年

2003 年は日本の「CSR 元年」といわれる。もっとも、「企業の社会的責任」という言葉や類する企業倫理はそれ以前からあった。よく「三方よし」が日本固有の CSR（Corporate Social Responsibility：企業の社会的責任）として引き合いに出される。日本に限らず多くの社会で同様の考え方が存在していた。

では、なぜ 2003 年が「元年」なのだろう。いくつかの要素がある。1 つは政策である。経営者の道徳訓の域を超え、CSR は政策として推進されることになった。EU がその中心である。政策対象とするため概念の明確化が図られた。CSR を巡る規範や制度も形作られていった。レポーティングも拡がった。金融面でも SRI（Socially Responsible Investment：社会的責任投資）という新しい投資信託が登場した。同時に「責任」の対象は「三方よし」の言う「世間」から具体的なイシューに分化した。環境であれば気候変動問題や生物多様性問題、労働であれば職場での差別や労働環境などである。

当時の CSR に関する状況を図表 1.1 にマッピングしてみる。

マッピングの中心は CSR である。第一象限は環境・社会に関するイシューである。気候変動は当時既に深刻な課題であったが、京都議定書が 1997 年に合意されてから必ずしも大きな動きはなかった。日本企業の CSR の看板施策はほぼ例外なく省エネルギーであった。また、省資源という観点からリサイクル政策が促進された。日本では家電リサイクル法であり、EU では廃自動車指令、WEEE と一般に呼ばれた廃電気電子機器指令が代表例である。発展途上国の人権問題は主にアパレルや電気電子産業の下請け企業での労働環境・待遇問題として提起され、日本でも労働を含む CSR に関するサプライチェーン・

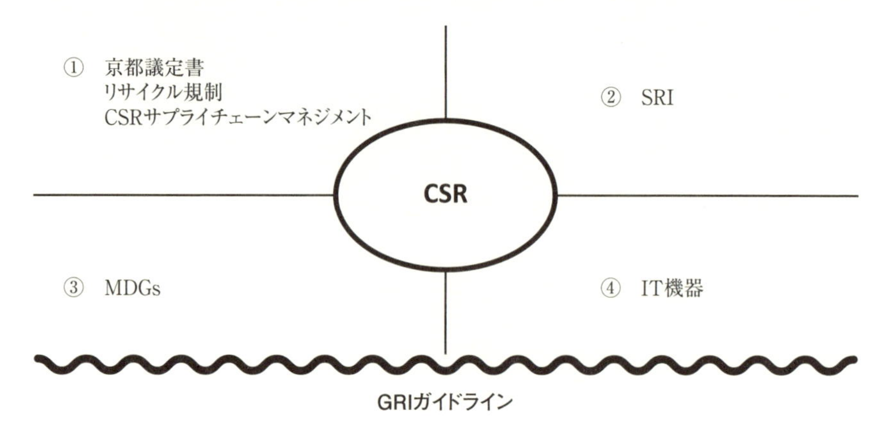

図表1.1　2003年CSRマップ

マネジメントに着手する企業が出てきた。

第二象限はファイナンスである。SRI（社会的責任投資）が注目を集め、FT4GOODやダウジョーンズ・サステナビリティ・インデックスなどSRIインデックスに選定されることが企業の関心事項となった。ただ、SRIは結果的にはニッチな存在に留まり、ESG（Environmental（環境）、Social（社会）、Governance（企業統治））投資に道を譲ることになる。もっとも、投資を企業のCSR評価と結び付けるSRIの着想は、今日のサステナビリティに関するさまざまな金融イニシアティブの起点となる大きな役割を果たしたことを記さねば公平を欠くだろう。

第三象限は国際連合（国連）による総合的イニシアティブであるMDGs（Millennium Development Goals：ミレニアム開発目標）である。MDGsはSDGs（Sustainable Development Goals：持続可能な開発目標）の前身であるが、MDGsへの産業の関心はSDGsのそれに比して低調であった。

第四象限の技術であるが、携帯電話やPCといったIT機器が中心であった。デジタルデバイドの解消を通じ、発展途上国の人々の生活状況を改善する取組みがIT企業を中心に活発になった。

そして波線の下である。CSR報告という点でGRI（Global Reporting Initiative）が報告内容の準則を策定し、多くの企業が活用した。2003年のサステナビリティ世界はCSRとSRIを核とする比較的シンプルな姿であった。また、当初の欧米の大企業の取組みを促した要因は主にNGOからの圧力だった。

1.1.2　2003年「豆乳CSR」元年？

「元年」前後を境にして、多くの日本企業でCSRへの関心が高まり、「環境部」は「CSR部」に、「環境報告書」は「CSR報告書」に模様替えされた。CSRは世界的に関心を集めグローバルな運動となっていったが、受け止めは自ら社会によって異なった。

日本の受け止め方にも特徴があった。例えば、日本では社会問題よりも圧倒的に環境問題に重きが置かれた。自社の事業や製品のCSR上の意義づけに力が注がれたことも日本のCSRの特徴であった。筆者は個人的に「豆乳CSR」と呼んでいた(豆乳はあくまで例えで実際の豆乳メーカーさんとは何の関係もない。念のため)。「豆乳は健康に良いから、豆乳をたくさんのお客様に届けることこそ我が社のCSRであーる」型のCSRである。豆乳は確かに健康に良い。社会への貢献であるに違いない。「豆乳」をそれぞれの会社の製品に置き換えればその会社のCSRとなった。例えば「車はモビリティ向上を通じて、人々の生活を豊かにする。よって、より良い車をお客様に届けることこそが我が社の真の社会的責任であーる」などなど。

もちろん、事業の社会的意義が内外に発信されることは素晴らしい。従業員のモチベーションの向上などさまざまプラスがある。ただ、そこに注力するあまり、CSRへの取組みが現状肯定(あえてきびしくいえば手前味噌)に留まってしまう傾向があったことも否定できない。日本企業の場合、NGOからの圧力がほぼ不在だったこともこの傾向に拍車をかけた。

1.2　新しいサステナビリティ・マップ

今日、経営や事業の視点からサステナビリティに取り組むとはどういうことか。CSR元年の2003年に比べサステナビリティの世界は格段に複雑になった。CSV(Creating Shared Value)、ESG、SDGs……。さまざまな新しい概念が生まれた。ルール面を見ても2015年、「気候変動に関する国際連合枠組み条約第

21回締約国会議」(COP21)で採択されたパリ協定、2011年に国連人権理事会で承認された「ビジネスと人権に関する指導原則」やイギリス現代奴隷法など多様な新顔が登場した。ファイナンスの世界では「座礁資産」というコンセプト(原油など「燃やす」ことによって価値を生む資産の資産価値が大きく低下すること)が小さなNGOによって投じられその影響はさざ波から次第に広範に及び、企業価値そのものの再評価を迫るに至っている。

ブロックチェーン技術やAIなどの新技術の活用も同様にサステナビリティ問題へのアプローチを革新しつつある。例えば、日本企業も次のような取組みを始めている。

> **伊藤忠商事はブロックチェーンを活用したインドネシアにおける天然ゴム原料調達サプライチェーンのトレーサビリティ実証実験を開始した。**スマートフォンアプリを利用して、受渡者間で取引内容の相互認証を行い、日時・位置情報等と合わせてブロックチェーン上に記録する。天然ゴムが加工工場に至るまでの流通の透明化が実現するのみならず、各事業者の協力を促し、正しく記録された取引に応じて対価を支払う仕組みも用意されるとしている[1]。　　（太字は筆者による）

今日サステナビリティについて考えるということは少なくともこのようなことすべてについて考えることである。

図表1.2は今日の主なサステナビリティ・アジェンダをマッピングしたものである。4つの象限からなっている。第一の象限は主要イシューに関する政策・規制である。代表的なものとして、

- 国連気候変動条約(パリ協定)
- EUサーキュラーエコノミー政策
- 国連人権指導原則

をあげている。

第二象限にファイナンスを配置した。サステナビリティ向上にファイナンスが担う役割の急速な高まりは今日の大きな特徴である。ESG投資、さらにSRI(Socially Responsible Investment：社会的責任投資)の今日版的存在であるイ

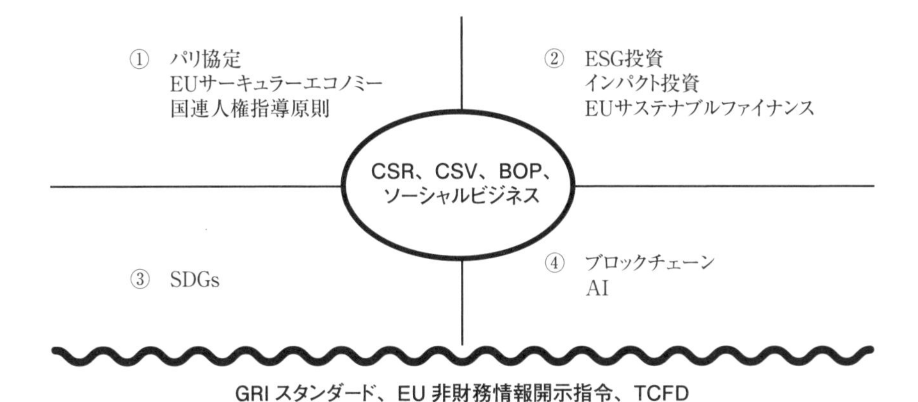

図表 1.2　サステナビリティ・マップ

ンパクト投資もここに属する。また、EU のサステナブルファイナンス・イニシアティブに代表される政策・規制などもこの第二領域に位置づけられる。

第三象限が SDGs(Sustainable Development Goals：持続可能な開発目標)の領域である。SDGs は包括的開発アジェンダであることもあり、具体的行動規範を規定していないという特徴がある。設定された目標実現の方法は取組み主体に任されている。同じ国連のイニシアティブである人権指導原則が人権デューデリジェンスの方法論を規定しているのと対照的である。

また、第四象限が技術である。さまざまな新技術が産業や社会の形を変えつつあるが、サステナビリティとの関係ではブロックチェーン技術と AI(人工知能)技術に着目したい。ブロックチェーン技術はサプライチェーン管理への適用が進みつつある。AI もさまざまなサステナビリティ・イシューに活用されている。最新のセンサー技術と組み合わせることによって気候変動やその他のビッグデータ解析が可能になり、規制の立案や将来予想の文脈で活用余地が広がっている。このような新技術の登場は従来不可能であった政策・規制を可能にする側面もあり、また SDGs への企業の取組みの革新にもつながっている。

中央に置いたのは、経営・事業のあり方、方法論である。CSR、CSV (Creating Shared Value：共通価値創造)、BOP(ベース・オブ・ピラミッド)、ソーシャルビジネスといった経営や事業についてのコンセプトが競い合うように登場した。

波線下にはGRIスタンダードの他、EU非財務情報開示指令など多様な開示規範が登場した。パリ協定を受けた気候変動関連開示のガイドラインであるTCFD（Task Force on Climate-related Financial Disclosures：気候変動関連財務情報開示タスクフォース）は各国の金融当局からなる金融安定理事会のイニシアティブであり、内容的には座礁資産の考え方を体現している。

1.3　変化をドライブするもの

図表1.1、図表1.2のそれぞれの象限についての詳細は、後の章で話を進めていくが、予習的に2つのマトリクスの間に表された変化をもたらした要因を取り上げよう。

1.3.1　ファイナンスの影響力の増大

企業のサステナビリティ・イシューへの取組みに対するファイナンスの影響力は顕著に増大した。中心はESG投資である。日本でもGPIF（Government Pension Investments Fund：年金積立金管理運用独立法人）がESGインデックス投資を開始したことが産業界に大きな影響を与えた。

ファイナンスの影響力はこれからさらに大きくなると私は考えている。理由は4つある。第一に、ファイナンスの「事業仕分け」的機能である。現在の企業単位のESG評価は今後より緻密化し、個別の事業・技術まで評価対象を細分化していくだろう。サステナビリティに貢献する事業、技術とそうでない事業、技術の仕分けである。

さらに、貢献の度合いが実質的なものか否かの判断も金融に期待される役割となる。実を伴わない看板倒れの行為を「○○ウォッシュ」という。「グリーンウォッシュ」といえば環境についてのそれである。SDGsウォッシュといえば、うわべだけの取組みをSDGsへの貢献として喧伝する行為をいう。環境改善に実質的貢献をする事業に該当するのか否か、SDGsへの「貢献」は実質的に有意なものなのか否か。第三者的判定者として金融機関が登場してくる。そのような変化が起こりつつある。

第二に金融政策当局の姿勢の変化である。従来サステナビリティに関与する政府部局といえば環境と労働及び産業関連の部局が中心であった。しかし近年金融政策の存在感が増している。金融機関があらゆる産業への資金提供者として全産業に政策を媒介できる存在だからである。金融政策当局は、サステナビリティに関する統一的な基準の実施役として恰好の立ち位置にいる。仮に基準を産業自身が策定しようとしたらどうなるだろうか。自動車産業の中で「環境にやさしい技術」について基準の統一を図るのは相当に困難だろう。かつ産業横断的整合性を確保することは一層困難である。そこにくると金融には適性がある。とりわけEUはサステナビリティに貢献する事業か否かに関する線引きを、金融政策を使って行おうとしている。

第三は金融が事業や技術の「裁判官」よろしく振舞い始めたことである。現在の最大のターゲットは石炭である。炭鉱開発事業に対する金融機関の姿勢は京都議定書合意以降厳しいものとなっていったが、その中心は世界銀行など欧米政府が主な出資者である公的な国際金融機関であった。しかし、炭鉱開発に対する消極的投融資姿勢は急速に民間金融機関からさらに日本の場合、商社にまで広がっている。日本経済新聞は2018年12月24日朝刊一面で「脱石炭の波、商社にも　三菱商事など燃料用鉱山撤退　ESG投資が圧力」との見出しで以下の趣旨の内容を報じている[2]。「座礁資産」という言葉が日本を代表する商社のトップから発せられていることにも注目されたい。

> 資源・発電事業を手掛ける商社が相次ぎ脱石炭を鮮明にする。三菱商事と三井物産は、発電に使う燃料用石炭の鉱山事業から2019年にも撤退する方針を決めた。それぞれオーストラリアに保有する燃料炭の鉱山権益をすべて売却する。石炭は温室効果ガス排出量が多く、環境配慮など企業に求める「ESG投資」にシフトする機関投資家から売却圧力が強まる。資源メジャーで始まった撤退の波が日本にも本格的に押し寄せてきた。三井物産の安永社長は「環境配慮の流れが強まり、炭鉱が投資を回収できなくなる『座礁資産』になるリスクがあった」とコメントしている。

ESGの社会を動かす力はSRIに比べ格段に大きい。SRI(社会的責任投資)は基本的に「社会や環境のために頑張っている企業の応援」の奨励型投資信託であった。タバコや武器など特定分野の企業を投資対象から外す排除型SRI投資信託も存在したが、そのために企業がタバコや武器の事業から撤退した、株価が下落したという話は寡聞にして知らない。

今日のESGは投資信託の形だけではなく金融機関の投融資方針そのものの問題となっている。結果として、特定の産業や技術がESGの趣旨にそぐわないと見なされた場合、当該産業や技術に対する資金供給が強く抑制されることになる。企業の方と話していると株価への影響など、ESGリスクを考えるととても○○の事業には乗り出せない、××の事業からは撤退を考えざるを得ない、といった話が頻繁に出てくる。このような特定の技術やビジネスに対する金融の強い抑制機能が、将来、内燃機関その他の日本の基幹技術に向かわない保証はどこにもない。

第四にサステナビリティ版「傾斜生産方式」である。「傾斜生産方式」とは戦後の日本が産業復興加速のために重点産業を定ため、当該産業に優先して資金や原材料の配分をした政策である。金融政策がサステナビリティに深く関与するのは、ある意味でサステナビリティに資する財やサービスの生産に資金を優先配分する現代版傾斜生産方式ともいえる。

SDGsの目標達成には国連は年間5兆ドルから7兆ドルの資金が、EUは気候変動に関するEUの目標を達成するだけでも毎年1700億ユーロの資金が必要であるとしている。国や国際金融機関による公的なファイナンスの役割はもちろん小さくないが、大宗（たいそう）は民間資金に依存せざるを得ない。世界資本市場が巨大化したといっても実際のプロジェクトに投下される資金の総量には限界がある。環境目的、社会目的に真にかなう事業への資金誘導が必要となる所以である。

1.3.2　国際的規範づくりの進展

2003年からのもう1つの重要な変化は多様な国際条約や国際規範が生まれたことである。理由はいくつかある。10数年間の議論の積み重ねによって個々のイシューへの対処方法の体系化が進んだこと。また、政府、企業、NGO（non-governmental organization：非政府組織）、アカデミズムなど多様な主体の協働関係が根付いたこともある。人権に関する国連指導原則も国連加盟国のみならず企業、NGO、研究者の広い参加によって起草されていった。サプライチェーン・マネジメントの分野においても NGO がお座敷を設定し企業や研究者が参加し議論を重ねながら規範づくりを行っていくスタイルも定着した。

例えば、先に伊藤忠商事のサプライチェーン管理について紹介したが、同社は持続可能な天然ゴムのための新たなグローバルプラットフォーム「Global Platform for Sustainable Natural Rubber（GPSNR）」の設立メンバーでもある。SDGs 策定にも多くの企業が積極的に参加した。

また、注目すべきは昨今の内向きで反国際協調的な政治潮流にもかかわらず、実務的なボトムアップの規範作りのモメンタムは失われていないことである。

アメリカはパリ協定からの離脱を表明している。パリ協定の規定上アメリカの脱退が可能となるのは 2020 年 11 月 4 日以降であるが、アメリカが実際に脱退した場合の影響は予想しがたい。ただ、現時点で起きていることを 3 点指摘したい。1 つ目はアメリカが脱退の意思を表明したことにより、国際政治における主導権争いという意味合いがパリ協定に加わったことである。一部の主要発展途上国はパリ協定の順守を国際的な威信なり政治的発言力を高めるという観点でも捉えており、やや皮肉なことであるが、それが気候変動問題への取組みを促しているという面もある。

2 つ目は、ある国の政権がサステナビリティと反対の方向に進もうとすると、対抗するように草の根レベルの規範作りが活性化するという現象である。国の政策の方向性のもちろん重要であるが、企業にとってサステナビリティの政策環境を決めているのは国だけではない。むしろ、NGO やアメリカであれば州政府といったサブナショナルな存在の動向も同様に重要であり、それらの動きはむしろ活発化する方向にある。

3 つ目は、企業の変化である。ルールメーキングが多くの企業の事業戦略にビルトインされた。また、そのための人的リソースも国際的 NGO で実務を積んだ人材を採用するなど厚みのあるものになってきた。規範づくりの方向性を自社の事業、研究開発やビジネスモデル設計に早期に取り込むことが競争優位につながるためである。

こうして見ると、政治情勢の流動性・予見困難性にかかわらず当面サステナビリティ向上に向けた動きが急に反転する可能性は低いと考えてよいだろう。

1.3.3 NGO の役割の変化

NGO の行動パターンの変化も注目に値する。企業に対する抗議行動（キャンペーン）は依然重要な活動の１つであるが、相対的重要性は低下している。多くの NGO は一罰百戒型の対企業キャンペーンを行い、問題を起こした有名企業への集中的な批判行動をレバレッジにして他の企業の行動を牽制してきた。もちろん、今日でもこれはある程度いえる。

例えば、グリーンピースは「デトックスキャンペーン」としてブランドアパレル企業の生産委託工場から出されている排水問題を指摘しているし、2015 年にはツナ缶製造世界最大手のタイ・ユニオンに対し、サプライチェーンにおける違法労働慣行や乱獲排除を求めキャンペーンを開始した。イギリス、アメリカなどでの不買運動を展開。最終的に 2017 年タイ・ユニオンは改善アクションプランをグリーンピースと共同で発表するに至っている。

もっとも、対企業キャンペーンについても変化が見られる。１つは主な標的となる企業の変化である。金融の重要性の高まりを反映し、キャンペーン対象として金融機関と商社がクローズアップされている。商社はかつてのトレーディングから事業の軸足をプロジェクト・ファインスや企業買収に移してきた。この投資機能が NGO の関心を引く。例えば投資対象プロジェクトが NGO から見て問題のある事業である場合、出資者としての商社が NGO のキャンペーンのターゲットとなる。ここでも金融を通じた広範なディシプリンの実現がめざされている。

ただしキャンペーナーとしての NGO の役割は相対化されていくだろう。大きな理由はソーシャルメディアである。今や企業の不正を世間に訴えるのに大きな組織と巨額のファンディングは必ずしも必要ない。個人がユーチューブに投稿した１つの動画が社会を動かしてしまう。対企業キャンペーンを行う手立てが個々人の手にあるとき、専門人材と豊富な資金力を備えた NGO は自らの存在意義をどこに見出すのか。

答えの１つは NGO のルールメーカー化、ロビイスト化である。現場に入り込み個々の企業の行動の変革を求める姿勢から、よりメタ的なルールづくりに活動の力点を変えていくであろう。例えば、イギリス政府のエンジン車販売禁止政策の背景にはNGOによる政府に対する訴訟があった。

紛争鉱物問題もそのような例である。紛争鉱物の１つであるタンタルは多くの電気電子製品の部品に使われている。主要産出地はコンゴ民主共和国である。この鉱物からあがる収益が同国における長年にわたる凄惨な内戦のために使われているといわれている。さまざまな市民団体やメディアが鉱物資源開発と人権蹂躙のリンクについて告発をしてきたが、この問題に関する規制法案がアメリカ議会で提案され、最終的に同提案は「金融規制改革法(ドッド・フランク法)」に溶け込む形で成立し、紛争鉱物を使用する上場企業に対し調査・報告を義務づけている。そもそもリーマンショックに端を発する金融機関に対する規制強化と紛争鉱物問題は性質を異にする問題であったが、ワシントンならではの駆け引きによって、紛争鉱物に関する規定を含む金融規制改革法が実現した。法制化の流れはEUにも及び、2017年にはEUが紛争鉱物に関する規制を導入した。

このように複数の国や地域で共振的にルールが制定される背景にはグローバルな規模で規制手法のアイデアを提供し立法を働きかけるNGOの存在がある。大きな趨勢としては企業への抗議運動からより包括的な対処を可能にするルールづくりにNGOの活動の中心が移っていくと考えられる。

日本も例外ではない。一例をあげれば2018年に漁業法の改正が行われたが、環境NGOのEDF(Environmental Defense Fund)はデータに基づき国会議員と議論を重ね乱獲防止の観点で改正を後押しした。漁網を切るなど実力行使に訴える団体もあるが、EDFの活動は対照的であり新しいNGOのあり方を示唆する。

1.3.4　NGOによる最新技術活用

資金力豊かなNGOの活動のもう１つの方向性が最新技術の活用である。メタンガスはCO_2に比し温暖化係数が高いことで知られている。上述の環境NGOのEDFはメタンガス排出場所を特定するために自前の人口衛星を2021年に打ち上げるプロジェクトを進めている。最新テクノロジーの活用はグローバルなNGOの影響力を増大させるだろう。収集されたデータはルールメーキングの根拠としても使われる。このようなNGOの戦略シフトも多様なルールの生成をもたらしている一因である。

企業側から見た場合、NGOとの付き合い方について再考を促す。ルール形成の有力な主体であるNGOとの密接な協力は将来の政策環境を予見し、またその形成に能動的にかかわる上で重要性を増していく。また、NGOでの仕事をキャリアの1つの選択肢として考える人にとっては、ルール形成と最新技術の社会課題への応用に関する洗練されたプロフェッショナルなスキルを身に着ける、また発揮する場として捉えることができるだろう。

1.4　グローバルリスクの変化

1.4.1　グローバルリスクとしての環境問題

ダボス会議の主催で知られている世界経済フォーラム（WEF：World Economic Forum）の「第14回グローバルリスク報告書2019年版」から2009年から2019年の間のグローバルリスクの変遷を表したのが図表1.3である。

影響が大きいグローバルリスクは、この10年間の最初の2年、2009年及び2010年は網掛がない部分、つまり経済問題がトップ5のほぼすべてを占めている、

しかし、2011年に気候変動がランクインすると、2017年には異常気象、自然災害、気候変動の緩和や適応への失敗と環境リスクがトップ5中3つを占め、さらに社会問題にカテゴリライズされている水危機も加えると環境関連リスクが5つのうち4つまでを占めるに至り、2019年まで続いている。影響が大きなグローバルリスクは経済問題から環境問題にシフトしてきた。

直近の2019年は、以下のようになっている。

1位：大量破壊兵器

2位：気候変動の緩和や適応への失敗

3位：異常気象

4位：水危機

5位：自然災害

グローバルリスクに対する認識の変化もサステナビリティ・マップの変化の

影響が大きいグローバルリスクの上位５位

	2009	2010	2011	2012	2013	2014	2015	2016	2017	2018	2019
1	資産価格の崩壊	資産価格の崩壊	財政危機	大規模でシステミックな金融破綻	大規模でシステミックな金融破綻	財政危機	水危機	気候変動の緩和や適応への失敗	大量破壊兵器	大量破壊兵器	大量破壊兵器
2	グローバル化の抑制(先進国)	グローバル化の抑制(先進国)	気候変動	水供給危機	水供給危機	気候変動	感染症疾患の迅速かつ広範囲にわたる蔓延	大量破壊兵器	異常気象	異常気象	気候変動の緩和や適応への失敗
3	石油・ガス価格の急騰	石油価格の急騰	地政学的紛争	食糧危機	長期間にわたる財政不均衡	水危機	大量破壊兵器	水危機	水危機	自然災害	異常気象
4	慢性疾患	慢性疾患	資産価格の崩壊	長期間にわたる財政不均衡	大量破壊兵器	失業・不完全雇用	地域的影響をともなう国家間紛争	大規模な非自発的移住	巨大自然災害	気候変動の緩和や適応への失敗	水危機
5	財政危機	財政危機	エネルギー価格の急激な変動	エネルギー・農産物価格の急激な変動	気候変動の緩和や適応への失敗	重要情報インフラの故障	気候変動の緩和や適応への失敗	エネルギー価格の変動	気候変動の緩和や適応への失敗	水危機	自然災害

□経済　▨環境　■地政学　■社会　■テクノロジー

注：グローバルリスクの定義と組合せは、向こう10年間の対象期間に新たな問題が発生するとともに変化するため、各年のグローバルリスクを厳密に比較できない場合がある。例えば、サイバー攻撃、所得格差、失業は、2012 年からグローバルリスクとして取り上げられるようになった。また、一部のグローバルリスクは見直しが行われ、水危機を拡大する所得格差は、はじめ社会リスクとして分類されていたが、2015 年版として 2016 年版ではそれぞれトレンドとして再分類された。

(出典)世界経済フォーラム(WEF：world economic forum)：「第 14 回 グローバルリスク報告書 2019 年版」、図Ⅳ。

図表 1.3　グローバルリスク展望の変遷(2009 － 2019)

重要な背景となっている。

1.4.2　PEST分析

PEST分析とはP(Politics：政治)、E(Economy：経済)、S(Society：社会)、T(Technology：技術)の環境変化を包括的に捉える分析手法である。マーケットから視点を上げて大きな社会変化を捉える。サステナビリティをPESTの視点から捉えると、高い次元からの俯瞰ができる。

例えば気候変動についてのさまざまな動向はP(国際政治、国内政治)に影響される。同時に気候変動問題は国際政治や各国の政治に対しても影響を及ぼす。アメリカに対抗して気候変動に熱心に取り組む国が出てくるのもその一例である。サステナビリティ・イシューは政治と双方向で影響しあう。

国内政治とサステナビリティ・イシューも関係する。多くの発展途上国では老朽化した石炭火力発電所が多数稼働している。発電効率が低いため二酸化炭素排出量が大きい。他方、電力系統の制約などがあり一足飛びに再生可能エネルギーに移行することには困難がともなうことが多い。また、燃料の石炭は国内産が使われる場合が多く地域経済や経常収支の面でもメリットがある。老朽石炭火力発電所を最新鋭の高効率火力発電所に建て替えることができれば、地域経済社会へのメリットを維持しながら温室効果ガスも大幅に削減できる。国際エネルギー機関(IEA)も年次報告書において地球温暖化と地域経済振興の双方にとって最先端の石炭火力技術の果たす役割は大きいとしている。

しかし、現実は必ずしもそのような方向には向かっていない。

発展途上国市場に詳しい専門家は筆者にこう語った。

「発展途上国で発電所建設の計画を立てるのは政府です。経済的合理性、環境上の合理性など、さまざまな観点がありますが、多くの発展途上国の政権にとって最大の関心事項は政治的合理性、つまり次の選挙にプラスになるかどうかです。新しい石炭火力発電所計画と太陽光発電計画のどちらが選挙民受けするか。答えはあきらかです。一般大衆にとって最新鋭の火力発電の技術がどれだけ進んでいるか、電力系統との関係で太陽光発電にどの程度フィージビリティ(実現性)があるのかなどは知りようもないし関心の対象でもないのです」。

また、政治レベルの変動のインパクトとしてイギリスのEU離脱(ブリグジット)の可能性、さらにはそれにともなうEUの政治的影響力や機能の変化はサステナビリティ・イシューに影響を及ぼすのか、という質問もよく受ける。この点についても後ほど考察してみたい。

E(経済)の観点から見れば、世界経済の中で中国経済が引き続き存在感を増すならば、中国における環境問題や社会問題の日本企業にとっての意味も引き続き増大する。

中国のS(社会)の変化は中国国内でより強い環境規制や労働関係規制を求める声の高まりにつながっている。中国政府は現在の統治体制を維持していくためにも環境問題、社会問題を是正していかざるを得ない状況に置かれている。日本の産業にも既にさまざまな影響が及んでいる。

例えば、2019年1月8日付、日本経済新聞は「染料、中国環境規制で高騰　工場停止相次ぐ　車の内装材にも波及」との見出しで次のような内容を伝えた[4]。中国の環境規制を受け、繊維の色を染めるのに使う染料が高騰。卸値は前年同期比2割高く、5年前に比べると2倍超。中国は2012年の習近平政権発足以降、環境規制の取り締まりを厳しくしてきた。2018年4月に一部の中小企業が基準を守らず、排水を垂れ流していたことが発覚し、主産地である工場団地では、排水基準を満たさない約200社の工場が操業停止に追い込まれたとされる。

このような中国政府の対応をかつての「外資イジメ」と混同すべきではない。国民の不満の解消という内在的目的と国際政治の舞台における自国のプレゼンスの増大という外交上の目的2つの目的に沿って進められる中国の環境政策の影響は今後さらに大きくなるだろう。

日本におけるS(社会)の変化の1つは外国人労働の受け入れ拡大である。外国人技能実習生の問題、さらには特定技能を有する外国人の受け入れは日本社会のサステナビリティ・イシューに確実に影響を与える。また、T(技術)については既述のとおり人工知能やブロックチェーンといった技術の発展はサステナビリティの問題に従来では不可能であった解決策ないし緩和策を提供しつつある。

将来への見通しを立てるうえでPEST分析は有効道具立てである(図表1.4)。企業が将来に渡る成長を期するならば複眼的視点からグローバルリスクを捉え将来の見通しを持つ必要があるだろう。

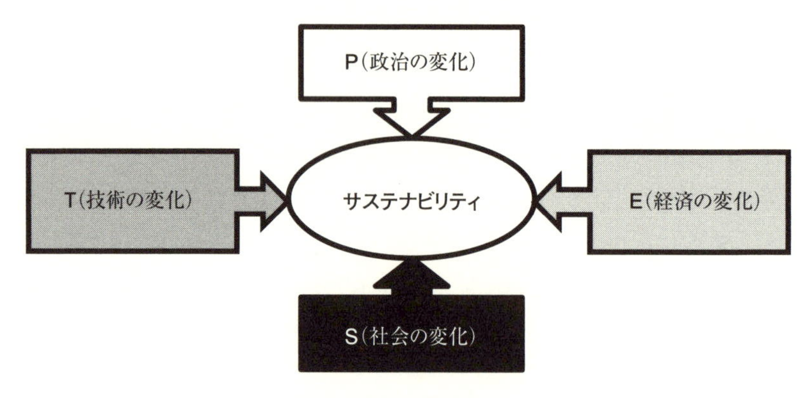

図表 1.4　PEST 分析の基本フレームワーク

1.5　企業の社会との関係の捉え方の多様化

1.5.1　CSR の出発点

これまで主に社会の外部環境の変化を見てきた。環境変化を企業は内側からどう捉え、課題の改善にどのように関与していくのか。CSR は企業の社会・環境課題への「関与の仕方」のコンセプトの嚆矢となった。その後 CSR に対するある種の批判も込めて CSV（Creating Shared Value：共通価値創造）が提唱された。CSR はヨーロッパ政策当局発、CSV はアメリカのビジネススクール発。それぞれのお里の「教義」を色濃く反映する。

まず、ヨーロッパ発の CSR の出発点を簡単に振り返ろう。

CSR という概念が議論され始めた 2000 年頃のヨーロッパにとっての最大の社会問題は若年失業であった。若年失業は現在に至るまで問題であり続けているわけだが、CSR というコンセプトを生み出す原動力になるだけ大きな社会的、経済的、そして政治的問題であった。

それは単に失業率という数値で表される経済指標の問題ではない。仕事のない、もしくは低賃金にあえぐ若年層は社会を荒廃させていく。ドイツにおけるネオナチ、フランスにおけるアラブ系の若者の暴動。社会の不安定化は少なくとも部分的には若者の失業の問題に根差していた。それは、同時に社会のサステナビリティの問題でもあった。

短期の契約雇用を渡り歩く大量の若者も次第に年齢を重ねる。彼らは家庭を持ち、次の世代を育てることができるのだろうか。できないとすれば社会の持続可能性はいかに確保されるのか。「サステナビリティ」という概念は当初もっぱら環境用語であったが、それを社会分野にも使い始めたのがヨーロッパである。そもそも私がCSRに関心を持ち『ヨーロッパのCSRと日本のCSR』(日科技連出版社、2005年)を上梓した動機は、早晩、日本も同じ社会的課題に直面するのではないか、だとしたらヨーロッパの経験から学ぶものがあるはずだと考えたからである。それは不幸にも間違った見通しではなかった。

いずれにせよ、このような状況の中でヨーロッパでは政府と産業界と市民セクターが中心になりCSRのコンセプトを生成していった。企業は社会や環境の課題を事業に統合しつつ課題に応えなければならない。ただし、自主性に任され強制されるものではないというのが大枠である。欧州委員会主催のマルチステークホルダー・フォーラムは2004年にCSRに次のような定義を与えた。

> CSRとは、社会面及び環境面の考慮を自主的に業務に統合することである。それは、法的要請や契約上の義務を上回るものである。CSRは法律上、契約上の要請以上のことを行うことである。CSRは、法律に置き換わるものでも、また、法律及び契約を避けるためのものでもない。
>
> (出典)欧州委員会：「マルチステークホルダー・フォーラム最終報告」、2004年6月

定義のポイントは、次の2つである。

①　社会や環境の問題を経営そのものに統合すること

②　法令順守を超え自主的に行うこと

若年失業についてことの成り行きを見てみよう。失業は政府が対処するべき問題というのが常識であった。しかし、政府はさまざまな対策を打つが万策尽きる。中高年層の早期退職を促すために年金を大盤振舞いしてみたが、空いた職がヨーロッパの若者に提供されることはほとんどなかった。ときあたかも企業は東欧(当時東欧はまだEUの外であった)やアジアに雇用を移していたのである。

政府は財政負担を背負い込んだ挙句に雇用は縮小するという泣きっ面に蜂の状況に自らを追い込んでしまう。結局、政府だけでは対処できないということになり、「社会的責任」の名の下に企業に協力を求めた。それがCSRの出発点だったのである。

CSRは政策的必要性から生まれた概念であることを認識しておくことは重要である。どの国でも優良企業は地元への配慮を怠らない。日本の企業も地元の催し物に協力するなど地元との融和には常に気を配る。しかし、CSRはより公共政策的な色彩の濃い課題への対応を求める。政策課題が経営に組み込まれたのである。筆者が拙著『アジアのCSRと日本のCSR』(日科技連出版社、2008年)の中でCSRを「企業の公共政策」という視点で論じたのもそういう背景からである。

1.5.2　CSRの定義とグローバル化

CSRはヨーロッパにおいてヨーロッパの課題に基づき定式化されたが、CSRが中心的課題とした「人」に関する問題は急速にグローバルな問題と化す。発展途上国における労働環境・人権問題である。結果として、CSRもグローバルな課題となっていく。国際的な原則やガイドラインがさまざま打ち出されていく中、それらとの親和性を確保するという観点もありEUが2011年に出した「CSRに関するEU新戦略2011－2014」と題された新しいコミュニケーションの中でCSRは

企業の社会への影響に対する責任

とシンプルな(もしくはそっけない)形に再定義された。しかし、ヨーロッパのCSRの基礎には企業を社会的な存在を見る大陸ヨーロッパの長い伝統がある。企業が社会的存在であるということは、端的にいえば、企業は利益最大化を一定程度犠牲にしても社会のために貢献するべきであるという考え方である。

その後EUは2014年期限のCSR戦略を更新せず、CSRの定義もアップデートされなかった。CSR政策をSDGs政策の中で実現する方向に舵を切ったのである。CSRという概念は今日でも広く使われるが、ことEUの政策としては、SDGs政策の中に溶け込んでいくこととなった。

2000 ～ 2019 年までの主なでき事を記した「サステナビリティ年表」を図表 1.5 に示す。各論は後に取り上げるのでざっと目を通していただければ十分である。2015 年を境に動きが加速していることが見てとれるだろう。

図表 1.5　サステナビリティ年表

2000 年頃	ヨーロッパにおいて若年失業が社会問題化した。CSR(corporate social responsibility：企業の社会的責任)というコンセプトが生まれる。サステナビリティ(持続可能性)という言葉が、環境問題だけでなく、社会問題にも使われるようになる。
2003 年	ヨーロッパの CSR、SRI(社会的責任投資)などが日本で認知され、CSR 元年ともいわれる。
2004 年 6 月	EU「マルチステークホルダー・フォーラム最終報告」における CSR の定義。「CSR とは、社会面及び環境面の考慮を自主的に業務に統合することである。それは、法的要請や契約上の義務を上回るものである。CSR は法律上、契約上の要請以上のことを行うことである。CSR は、法律に置き換わるものでも、また、法律及び契約を避けるためのものでもない」
2010 年 11 月 1 日	社会的責任の国際規格、ISO 26000 発行。
2011 年 3 月 21 日	国際連合、「ビジネスと人権に関する指導原則」発行。
2011 年 10 月	「CSR に関する EU 新戦略 2011 － 2014」における CSR の定義。「企業の社会への影響に対する責任」
2015 年 2 月	欧州委員会、サーキュラー・エコノミーパッケージ発表。
2015 年 3 月	イギリス現代奴隷法(UK Modern Slavery Act 2015)発行。
2015 年 9 月	国連サミットにて SDGs(Sustainable Development Goals：持続可能な開発目標)採択。
2015 年 12 月 12 日	第 21 回気候変動枠組条約締約国会議(COP21)を受け、パリ協定採択。
2017 年 7 月	フランス、イギリスの政府が 2040 年からエンジン車の販売を禁止すると宣言。
2017 年	年金積立金管理運用独立行政法人(GPIF)、ESG 投資による運用を開始。
2018 年 5 月	OECD：「デューデリジェンス・ガイダンス」発行。
2018 年 5 月	欧州委員会、サステナブルファイナンス行動計画採択。
2019 年 6 月	欧州委員会「気候変動関連情報レポーティングガイドライン」公表。EU 技術専門家会合「タクソノミー・テクニカルレポート(タクソノミーパック)」公表。

1.5.3　CSV

CSR は社会課題や環境課題を事業遂行に織り込むことを要請している。したがって、CSRのコンセプトそれ自体が事業から乖離しているとの批判は濡れ衣だが、他方、事業との統合が実際どこまでなされたのかは議論の余地がある。CSRは少なからぬ企業で体のいいイメージづくりの手段になっているのではないか。このような批判はヨーロッパでも当初からあった。

例えば、NGOセクターが「CSRを企業の自主性にゆだねず、何らかの形で義務化すべきである」という主張を当初からしていた理由もそこにある。社会環境課題の事業への統合は絵に描いた餅になっている。CSV(共通価値創造)はこのような現状認識の下に登場したと理解できるだろう。

CSVは2011年にハーバード大学ビジネススクールのマイケル・ポーター教授が提唱した。かつて同大学のCSV関係者と議論する機会があったが、「実際にCSVといえる経営を行っている企業はほとんどない」というコメントに接し頭をひねった。CSVは社会価値と経済価値の同時実現を追求する考え方であるが、既に多くの企業がCSVの実践を標榜していたからである。この違和感はマイケル・ポーター教授に師事された一橋大学の名和高司教授の著書『CSV経営戦略』(東洋経済新報社、2015年)[7]を読むことで氷解した。同教授が象徴的だとして紹介されているエピソードがある。ポーター教授と日本を代表する経営者３人がパネル討論したときのことである。多少長くなるが引用する。

> パネリストの一人が「CSVは日本企業にとっては江戸時代から実践している。非常になじみのあるものだ」と発言したところ、ポーター教授の顔色が変わり、猛然と反論し始めた。そのパネリストは共感と賛同を示そうとしただけなのだが、オリジナリティも新規性もないと批判されたとポーター教授は受け取ったようだ。
> 「社会価値と経済価値を両立するのがCSVだが、十分な経済価値をあげている日本企業がどれだけあるのか。ここにいる皆さんの会社は、例えば売上高営業利益率15%、ROE15%といったハードルレートを上回っているのか？」
> パネリストの中でただ一人、ファーストリテイリングの柳井正社長が「うちのROEは20%を超えている」(当時)と胸を張って答えたが、他の皆さんは気の毒に下を向いてしまった。勢いに乗ったポーター教授は、社会

的価値は高くても経済価値が出せないのなら、それはCSRにすぎないと切り捨てた。日本企業は私の三部作をもう一度読んで競争戦略を磨き直したほうがいい、とまで言いだしたので、議論はすっかり迷走してしまった。
(出典)名和高司：『CSV経営戦略』、東洋経済新報社、2015年、p.21

CSVをやや細かく見てみよう。マイケル・ポーター教授は差別化戦略の大家である。差別化は価格競争に巻き込まれず高い利益率を実現する打ち手である。差別化戦略と社会課題解決がミックスされると、社会的課題解決の取組みの中に他社の参入を阻む手が内包されていなければならない。もしくは他社が取り組まない社会課題の解決に率先して取り組むことで早期に参入障壁を築かなければならない。かくして社会課題解決をしながら高収益が実現される。

「CSVの本質は営利主義にある」(『CSV経営戦略』、p.22)との指摘もあるが、CSRとCSVは社会的価値を創造するという点では通底している。

CSRも事業への環境社会問題の統合を語る以上、それはあくまで「事業」として成り立っていること、つまり一定の利益を生んでいることが前提である。CSRが打ち出した社会課題、環境課題と事業との統合が実際のところ企業に十分に受け入れられなかった経緯に照らし、CSVは事業との統合の究極の形を語った。後にSDGsに関連して述べるが、ビジネスを通じて社会課題を解決するためには、一般の事業にもましてコスト競争に陥らず、利益を確保する工夫が必要である。利益をあげることはSDGsの課題の解決にビジネスが継続的に貢献していくうえでは欠かせないポイントである。

1.5.4　社会課題へのさまざまなアプローチ

(1)　BOP

BOP(Base Of the Pyramid：ベース・オブ・ピラミッド)はミシガン大学のC.K.プラハード教授が提唱したビジネス戦略である。従来「援助」の対象としてしか見られてこなかった貧困層を新たな「市場」として捉え、貧困層のニーズにあった製品やサービスの開発を促した。対象市場を同教授は1日2ドル未満で生活している40億人の人々としている。BOPは、CSRのようにサプライチェーンの労働者の人権問題や有害化学物質使用といった社会環境イシュー全般に関する企業の責任を問うているわけではなく、あくまで事業戦略であるという点でCSVに近い。

BOPの事例としてよく取り上げられるのはユニリーバをはじめとするグローバルブランドの発展途上国市場への取組みである。日本企業では味の素の成功例が知られているが、貧困層を対象としてビジネスで成功することはやはりそう簡単なことではなく、挑戦が実を結ばなかったケースも多く、さらにSDGsブームの陰に入ってしまった感もあり今日盛んに語られているとは言い難い。

(2)　ソーシャルビジネス

ソーシャルビジネスは概念的により広範である。『日本大百科全書』(ニッポニカ)においては、以下のように解説されている。

> 自然環境、貧困、高齢化社会、子育て支援などといったさまざまな社会的課題を市場として捉え、持続可能な経済活動を通して問題解決に取り組む事業のこと。このような社会的課題の解決を目的に事業を展開する組織や企業を社会的企業またはソーシャルベンチャーsocial ventureと呼ぶ。2006年にノーベル平和賞を受賞したバングラディッシュのグラミン銀行(貧困層を対象とした小口融資)と創設者のユヌスがもっとも典型的な成功例とされる。

日本のソーシャルビジネスについては2009年2月に経済産業省が「ソーシャルビジネス55選」をホームページで発表し、日本の代表的ソーシャルビジネスを紹介している。取り上げられた例をいくつか見てみよう。

1)　街づくり・観光・農業体験などの分野で地域活性化のための人づくり・仕組みづくりに取り組む組織が25。北海道、東北、関東地域では、次の組織が選ばれた。

- 北海道 特定非営利活動法人北海道職人義塾大學校
- 岩手県 あやおり夢を咲かせる女性の会

- 宮城県 特定非営利活動法人不忘アザレア
- 茨城県 特定非営利活動法人くらし協同館なかよし
- 千葉県 特定非営利活動法人 TRYWARP
- 千葉県 株式会社フューチャーリンクネットワーク
- 神奈川県 株式会社イータウン

2) 子育て支援・高齢者対策などの地域住民の抱える課題に取り組む組織が17である。中部地方以西の組織として紹介されているのは、以下の企業である。

- 静岡県 一般社団法人ピア
- 愛知県 特定非営利活動法人パンドラの会
- 三重県 特定非営利活動法人愛伝舎
- 京都府 有限会社キュアリンクケア
- 大阪府 有限会社ビッグイシュー日本
- 兵庫県 株式会社チャイルドハート
- 広島県 特定非営利活動法人日本タッチ・コミュニケーション協会
- 徳島県 特定非営利活動法人ジェイシーアイ・テレワーカーズ・ネットワーク

経済産業省のソーシャルビジネス 55 選にはほかにも、

- 「環境・健康・就労等の分野で社会の仕組みづくりに貢献するもの」
- 「企業家育成、創業・経営の支援に取り組むもの」

のカテゴリーがありそれぞれその分野で活動する組織が紹介されている。

紹介されている団体の一部を例示したが、一見して非営利団体が多いことに気づく。株式会社や有限会社はむしろ少数派である。ソーシャルビジネスは一般に利益追求に重きが置かれていない(ないし利益を追求しない)ことが見てとれる。一定の対価は取るものの社会貢献活動(フィランソロピー)に近い活動も多い。

以上見てきたとおり、CSR からソーシャルビジネスまでサステナビリティに関する多様な経営コンセプトが登場した。既に「お腹いっぱい」の感はあるが、将来さらに新しい概念が提唱されるだろう。しかし、突き詰めていけば、事業と社会課題解決の統合にあたり、課題解決を前景に置き収益追求を後景に配するのか、もしくは収益追求を前景化し課題解決を後景に置くのか、その塩梅である。どのコンセプトを採用するか、もしくはポートフォリオ的に複数のコンセプトを組み合わせるのか、経営者の考え方次第である。「責任」と「利益」のバランスに関する多様性が生み出されてきたと見ればよいだろう。

第1章の参考文献

[1]　「ブロックチェーンを活用したトレーサビリティ実証実験について　インドネシアにおける天然ゴム原料調達サプライチェーンを対象」、伊藤忠 HP、2019 年 2 月 1 日。
https://www.itochu.co.jp/ja/news/press/2019/190201.html
[2]　「脱石炭の波　商社にも　三菱商事など燃料用鉱山撤退　ESG 投資が圧力」、『日本経済新聞』、2018 年 12 月 24 日朝刊。
[3]　世界経済フォーラム（WEF：world economic forum）：「第 14 回 グローバルリスク報告書 2019 年版」、図Ⅳ。
[4]　「染料、中国環境規制で高騰　工場停止相次ぐ　車の内装材にも波及」、『日本経済新聞』、2019 年 1 月 8 日。
[5]　藤井敏彦：『ヨーロッパの CSR と日本の CSR』、日科技連出版社、2005 年。
[6]　木下由香子：講演「CSR・SDGs に関する EU 政策の動向」資料、2018 年 7 月 18 日、アジア経済研究所 2018 年度政策提言「ビジネスと人権」研究会 主催、
[7]　名和高司：『CSV 経営戦略』、東洋経済新報社、2015 年。
[8]　経済産業省：“ソーシャルビジネス 55 選”、「経済産業省ホームページ」、
https://www.meti.go.jp/policy/local_economy/sbcb/sb55sen.html

第2章

気候変動、マイクロプラスチック：環境イシューの潮流

2.1　気候変動問題とパリ協定のインパクト

2.1.1　パリ協定のエッセンス

気候変動問題は、数あるサステナビリティ・イシューの中で最も大きな影響を企業活動に与えている。市場メカニズムの活用及び規制整備双方の点でも先頭を走る。気候変動以外のさまざまな環境社会課題が今後どのように対処されていくのか、その将来像を占ううえでもよい題材である。その嚆矢となったのが2015年のパリ協定である。

パリ協定とは、2015年にパリで開かれた、温室効果ガス削減に関する国際的取り決めを話し合う「国連気候変動枠組条約締約国会議(通称COP21)」で合意された国際的な枠組みである。

1)　世界の平均気温上昇を産業革命以前に比べて2℃より十分低く保ち、1.5℃に抑える努力をする

2)　できるかぎり早く世界の温室効果ガス排出量をピークアウトし、21世紀後半には、温室効果ガス排出量と(森林などによる)吸収量のバランスをとる

ことを目標としている。

パリ協定は以下の2つが発効条件とされた。

- 55カ国以上が参加すること
- 世界の総排出量のうち55%以上をカバーする国が批准すること

中国やインドといった排出量のシェアの大きな発展途上国の批准が発効の前提とされたわけである。これが実現し2016年11月4日に発効した。結果、パリ協定は、世界の温室効果ガス排出量の90%近く、国地域数では159カ国・地域をカバーしている。2018年12月にはポーランドのカトヴィツェで第24

回国連気候変動枠組み条約会議(COP24)が開催され、難産の末に実施のための詳細ルールが合意された。

2.1.2　パリ協定が企業経営に意味するもの

押さえておくべきは1997年に合意された京都議定書からパリ協定への進展である。まず主要な発展途上国、とりわけ中国そしてインドの参加である。両国は2016年の温室効果ガス排出量シェアで、それぞれ23.2%で1位、5.1%で4位である。京都議定書は発展途上国に削減義務を課せなかった。その結果、参加国の間に不公平感が募り、アメリカは不参加。京都議定書は実効性が問われることになった。パリ協定ではこの問題が解消された。

パリ協定の義務とは、発展途上国を含むすべての参加国と地域が、2020年以降の「温室効果ガス削減・抑制目標」を定めることである。加えて、長期的な「低排出発展戦略」を作成し、提出する努力義務も規定されている。

日本企業にとってパリ協定の含意は深い。アメリカとならぶ重要市場である中国そして今後中国を凌ぐ市場に成長する潜在力を有するインド。その他の成長市場において気候変動目標を実現するための政策が打ち出されてくるからである。どのような対策をとるかはそれぞれの国に任されており、結果として国ごと地域ごとに多様な政策、規制がつくられていく可能性がある。リスクという意味でもチャンスという意味でも企業活動にきわめて大きな影響を与えることは間違いない。また、環境規制づくりに長けた老獪なEUが他国の政策に影響を与えていくことも予想される。国連をはじめとする国際機関、国際的NGOによる横断的なルールづくりも進行していく。できる限り複眼的、立体的に捉えよう。そうしなければ、全体像を見失いかねない。

2.1.3　ポストエンジンとヨーロッパの規制攻勢

(1)　波及する自動車電動化の影響

今後打ち出されていく各国の地球温暖化関連の対策。日本産業全体への影響という点でエンジン車の販売規制・禁止を超えるものはないだろう。日本の自動車産業はこれまでも厳しくなる一方の燃費規制を乗り越えてきた。技術力を磨き低燃費は日本車の代名詞となった。

燃費規制は今日でも多くの国、地域でCAFE(corporate average fuel efficiency)、つまり自動車メーカーごとの平均燃費が一定値を上回ることを義務づける形で課されており、CAFEは年を追って段階的に厳しくされる。

しかし、今日議論の俎上に上っているエンジン車販売規制・禁止はこれまでの技術改善の延長線にはない。エンジン車そのものの販売の規制ないし禁止である以上、エンジン効率の改善は解ではなくなる。

日本の経済は自動車、とりわけガソリンエンジン車、ディーゼルエンジン車に大きく依存している。製造業の産業分類別出荷額で最大の分野は自動車部品産業であり、ついで自動車製造業である。部品にせよ完成車にせよ日本の自動車の技術の粋は間違いなくエンジンにある。エンジンは膨大な数の精密部品の集合体である。それを支えるサプライチェーンのすそ野は広く、関連する中小企業の多くは地域経済の担い手である。

図表2.1を見てほしい。電動化によって新たに必要となる部品もあるが、それにも増して多くの基幹部品が不要となる。部品点数ベースでは37%の減少が予測されているが、これはあくまで点数ベースであり、エンジンやその周

図表2.1　電気自動車によって不要となる部品(想定)

	ガソリン自動車の部品の構成比	電気自動車に不要となる部品割合	自動車部品点数を3万点としたときの部品点数	電気自動車に不要となる部品点数
エンジン部品	23%	23%	6,900	6,900
駆動・伝達及び操縦部品	19%	7%	5,700	2,100
懸架・制動部品	15%	0%	4,500	0
車体部品	15%	0%	4,500	0
電装品・電子部品	10%	7%	3,000	2,100
その他の部品	18%	0%	5,400	0
合計	100%	37%	30,000	11,100

(資料)経済産業省「素形材産業ビジョン追補版(2010年6月)」
1. 自動車部品点数は全体の部品点数を3万点としたときの数値。
2. 自動車部品工業会からの資料を基に作成。

(出典)中小企業庁、経済産業省:「第2部　経済社会を支える中小企業、第1章　産業、生活の基盤たる中小企業、第3項　課題と対応」、『中小企業白書2011年版』、第2-1-41図　電気自動車等の影響(自動車部品の変化)。

辺、トラスミッションなど高い技術力を要する高価な部品が不要になることを考えれば、金額ベースでの減少はより大きくなるだろう。今後間違いなく広範な関連産業を巻き込んだ変動を引き起こしていく。

EV(Electric Vehicle：電気自動車)が市場に登場してもしばらくの間、電気自動車を真剣に捉える自動車メーカーは少なかった。曰く「電池がダメ」「そもそもお客さんはEVを望んでいない」「やっぱオトコはエンジンでしょ！」など。それぞれ深く首肯したものである。しかし……。風向きがかわった契機は2017年のイギリスとフランスによるエンジン車の2040年販売禁止の方針発表である。スペインも同様の政策を発表した。イギリスの動きを取り上げよう。

(2)　イギリスにおける自動車電動化政策の流れ

2011年にイギリス政府が発表した「カーボンプラン」では2040年にすべての新車がゼロエミッションに、さらに2050年には路上のすべての車がゼロエミッションになるとの「予測」が立てられていた。2017年７月環境大臣は2040年までにガソリン車及びディーゼル車の新車販売を禁止する方針を発表し予測は明確な政策方針となった。フランス政府は同様の発表を２週間前にしている。イギリス環境大臣は次のように述べている「四半世紀以内にすべての新車は完全に電動にならなければならない」(2017年７月25日付『ガーディアン』紙電子版)[2]

この「完全な電動」という発言はハイブリッド車を認めないことを意味すると解されている。

2018年７月にイギリス政府は政策をより具体化した「The Road to Zero」と題したポリシーペーパーを発表。その要旨は次のようなものである。

The Road to Zeroの要旨

- イギリスをゼロエミッションビークルの設計と製造の最先端にする
- すべての新車の乗用車とバンを2040年までにゼロエミッションとする
- ガソリン及びディーゼルの新車の乗用車とバンの販売を2040年までに禁止する
- 2050年までに(2040年以前に販売された車を含めて)ほぼすべての乗用

車とバンをゼロエミッション車とする。
- 過渡的政策として2030年までに新車の乗用車については少なくとも50%、できれば70%をウルトラローエミッション車(Ultra-Low Emission Vehicle(ULEV))とし、バンについては40%を目標にする。なお、ウルトラローエミッション車(ULEV)とは1キロメータあたりのCO_2排出量が75g以下の車であり、電気自動車、レンジエクステンダー付電気自動車及びプラグインハイブリッド車が含まれる。
- プラグインハイブリッド、ハイブリッド、クリーンディーゼル車は過渡的技術として有意義である。

また、政策提案の根拠としてアセスメントの結果を次のように述べている。

- 電池電気自動車はエネルギー効率が高く、排気ガスはゼロである。電源と電池製造に必要な電気を勘案した場合も電池電気自動車の温室効果ガスの排出は非常に少ない。
- イギリスの電源構成を前提とすると電池電気自動車はもっとも温室効果ガスの排出が少ない。2050年までに発電による温室効果ガス排出は90%程度低減すると予測されることから、電池電気自動車からのトータルの温室効果ガス排出量も同程度減少すると見込まれる。
- 水素燃料電池車も排ガスはゼロである。ただし製造工程を含めた温室効果排出ガスの量は(水素製造に)使用する電源次第である。

(カッコ内は筆者注)

イギリスの場合も政策は国レベルのものに限られない。ロンドン市は一部の道路をULEV専用とし、ガソリン車、ディーゼル車、またプラグインではない通常のハイブリッド車の通行を禁止する措置を既に実施している(対象道路には路面に大きく「ULEV」と表示されている)。

このような政策シグナルを受けヨーロッパ自動車メーカーはEV化に舵を切っている。あのポルシェ。水平対向エンジンで有名なポルシェでさえEV化を進めている。ゲームのルール刷新の大きな力の1つがパリ協定なのである。

2.1.4　カリフォルニアZEV規制

アメリカの環境規制の先頭を走るのがカリフォルニア州である。同州政府大気資源局(AIR Resources Board)の2018年10月のゼロエミッションビークル規制ファクトシートからその政策を見てみよう。州内で一定台数以上自動車を販売するメーカーは、ゼロエミッションビークルを14%以上販売することが義務づけられている。同州で1年に10万台を販売するメーカーは、うちゼロエミッションビークルの販売が1万4千台以上でなければならない。ゼロエミッションビークルに該当するのは電気自動車、燃料電池車それにプラグインハイブリッド車である。

この規制は2018年に大幅に強化されたものである。まず、対象自動車メーカーが拡大された。2017年までは州内販売が6万台以上のメーカーだけが対象であった。具体的には日本の3社(トヨタ、日産、ホンダ)とアメリカのビッグ3(クライスラー、フォード、ゼネラルモーターズ)の6社が規制を受けていた。しかし、対象が州内販売2万台以上のメーカーまで拡げられ、日本、ヨーロッパ、韓国のメーカーの計12社が対象となった。「ゼロエミッションビークル」の定義も厳格化され、ハイブリッドカーが外された。

さらに、カリフォルニア州とまったく同じ規制を採用する州が広がっている。このような州を「セクション177州」と呼ぶ。なぜ他州による「コピー」が起こるのだろう。カリフォルニア州規制の全米的インパクトを理解するうえで大切なポイントであるので簡単に解説する。

排ガス基準はアメリカ連邦法の「クリーンエア法」で全国一律の基準が決められている。もっともな話で、日本でもある県だけが厳しい自動車排ガス基準を設定したら国の規制の意味は実質失われる。しかし、アメリカではカリフォルニア州だけに独自の排ガス基準を設定できる特例的権限が与えられている。カリフォルニア州の排出ガス規制が連邦法に先立って存在していたことも背景となり、カリフォルニア州では州規制が連邦法に優先するという規定が連邦法にある。

さらに、非常に興味深いのがクリーンエア法のセクション177である。当該条文はカリフォルニア州以外の州に選択権、つまり連邦規制かカリフォルニア州規制のいずれかを選択する権利を与えている。「セクション117州」とはカリフォルニア州規制を自州の規制として選択した州である。2019年3月時点でニューヨーク、マサチューセッツ、オレゴンなど14の州がカリフォルニア州規制を採用しており、カリフォルニア州とあわせると全米の新車販売の約36%が対象になっている。さらに2019年7月には、フォード、ホンダ、フォルクスワーゲン、BMWの4社がカリフォルニア州のZEV規制及びCAFE規制を自主的に全米で遵守することを発表した。カリフォルニア州は対価として4社について規制を一部緩和する。つまり、自州の規制を事実上の全米規制とし、全国規模でのCO_2排出量削減を実現したいカリフォルニア州と2種類の規制の混在に伴う煩雑さを回避したい自動車メーカーとの取引きである。カリフォルニア州の規制の特別な位置づけがわかっていただけるだろう。この事実は仮にアメリカが国としてパリ協定を離脱したとしても、その実際的影響は州政府の動向もあわせてアセスしない限りわからないことを意味する。

対して、トランプ政権は連邦のCAFE規制を凍結する（将来の段階的強化を行わない）方向であり、かつカリフォルニア州規制の差し止めを表明。カリフォルニア州は連邦政府を提訴するとしている。連邦政府vs.カリフォルニア州の構図であるが、最終的な司法判断までには相当の時間がかかると見られている。

2.1.5　中国のEV戦略

世界最大の自動車市場である中国。中国もまたガソリン車を規制する方向を明確にしている。経済産業政策の司令塔的官庁である国家発展改革委員会は「自動車産業投資管理規定」を改正、2019年1月から施行した。輸出向け生産を除き、エンジン車の生産メーカーの新設が禁止される。既存メーカーの生産能力の増強にも制約がかけられる。

中国の自動車環境規制は上記の生産規制に加えて、NEV（中国版ZEV）規制及びCAFE規制の3本立てである。CAFEの目標を達成するために一定の条件の下で通常型ハイブリッド車をNEV（新エネルギー車）として認める規制の改訂が行われる方向であるが、長期的なEV化の目標は維持される。

産業政策の思惑も絡む。エンジン技術では先進国の自動車産業にキャッチアップが困難であったことからEV化は自動車産業の競争力強化の絶好の方策である。さらに、地方政府も独自の動きを示している。海南省は「燃料自動車」の販売を2030年に禁止する方針を打ち出した。イギリス、フランスなどよりも10年前倒しの禁止である。海南省は全国に先駆けた政策が実験される「特区」的性格を有する[5]。海南省の政策の検討にあたっては欧米の前例が参照されたことはまず間違いないだろう。

2.1.6　NGOの企業参加型EVイニシアティブ

ザ・クライメットグループ(The Climate Group)は気温上昇を1.5度以下に抑えることを目標にロンドンを拠点に活動するNGOである。同団体は、事業運営に必要なエネルギーを100%再生可能エネルギーでまかなう「RE100」という企業参加型イニシアティブで知られている。

RE100参加企業は世界的に拡大しており、2019年2月時点で164社、うち日本企業もリコー、大和ハウスなど16社が参加している。

ザ・クライメットグループはRE100を含め3つの「100プログラム」を主宰している。その最新のイニシアティブが、社有車をすべて電気自動車にする「EV100」である(ほかにエネルギー効率を100%上昇させる「EP100」がある)。同グループは年次報告書の中でEV100について以下のように説明している。

- 運輸セクターは気候変動の原因として最も速く拡大しており、エネルギー関連の温室効果ガス排出の23%を占めている。
- 電気自動車はその重要な解決策となる。
- 車の半数以上が社有車であり、企業が電気自動車へのシフトをリードすることが重要である。
- 企業による電気自動車使用の拡大は電気自動車の需要を拡大し、ひいては電気自動車の価格低減につながりより広く使われることを可能にする

参加企業数は41社(2019年6月時点)(イオンモール、アスクル、NTT、バンクオブアメリカ、BT、DHL、HP、ユニリーバなど)であるが、RE100の成功を応用するEV100の潜在力は小さくない。民間主導の動きも注目しておか

なければならない。

ハリウッドのセレブが競って日本のハイブリッド車を運転していたのはつい最近のことである。短期間に様相が一変した。しかし、パリ協定がもたらす事業環境の変化は、まだ始まったばかりと考えておいたほうがよいだろう。

2.2　サーキュラーエコノミー

2.2.1　次の大きなトレンド、サーキュラーエコノミー

金融機関のINGがアメリカ企業300社を対象に調査をし「サーキュラーエコノミーへのアメリカ企業の競争がヒートアップ」と題したレポートを発表した。急速にサーキュラーエコノミーに関心が高まりそうである。

- アメリカ企業は急速にサーキュラーエコノミーをビジネスモデルで実践しようとしている。
  調査対象の全体の8割近い企業がサーキュラーエコノミー・フレームワークを実践する戦略的意図があるか、既に実践しているとしている。
- 米企業のサステナビリティへのフォーカスは2018年から急速に強まっている。サステナビリティを戦略的意思決定に織り込んでいる企業は2018年の48%からほぼ倍増した。
- 他方、企業の理解はまだ廃棄物削減や資源効率といった狭いものに留まっており、包括的にビジネスモデルを変革するというところまでには至っていない。
- 製品ライフサイクルを延長するためのデザイン変更や顧客がいかに製品にアクセスするかを変革するビジネスモデルの構築といったことが長期的な関心になろう。

(出典)ING：“The race to a circular economy heats up for U.S. companies”, *ING Research.*

日本はまだまだ「リサイクル」、しかも「サーマルリサイクル」(廃棄物を焼却して燃料にすること)の域からなかなか抜けられない。「焼却から物質循環」

へのシフトはヨーロッパが先鞭をつけた。EUのサーキュラーエコノミー政策はヨーロッパの先行をさらに推し進め、環境政策のフロントランナーであり続けると同時にヨーロッパ産業に有利な市場環境を創る側面もある。アメリカ企業は追随を開始した。

2.2.2　サーキュラーエコノミー（循環経済）のエッセンス

サーキュラーエコノミーは社会ビジョンであり、多くのサブコンセプトを内包する。欧州委員会は2015年に「ループを閉じる－循環経済にむけたEU行動計画」と題したコミュニケーションを発表した。一般に「サーキュラーエコノミー・パッケージ」と呼ばれ、コミュニケーションと同時に法律案が提案された。まずコミュニケーションを通して政策の方向性を俯瞰しよう。

冒頭、サーキュラーエコノミーの定義とねらいが語られる。

> 循環経済とは製品、材料、そして資源の価値ができる限り長期にわたり維持され、廃棄物ができる限り生み出されない、そのような経済である。循環経済への移行はEU経済を変容させ、ヨーロッパにとって新しく持続可能な競争優位を創り出す機会ともなる。

(1)　産業競争力の視点

サーキュラーエコノミー政策には、いくつかの特徴がある。

まず、産業競争力の視点である。企業競争力とのつながりについて

- 資源の減少と資源価格の乱高下から企業を守る
- 新しいビジネス機会をつくる
- 革新的でより効率的な製造方法、消費のあり方をつくる
- エネルギーを節約する

このような点をあげたうえでさらに

「社会課題（social agenda）と産業イノベーション」は密接にリンクしており、「しかるべき規制枠組みが経済主体や社会全体に明確なシグナルを送る」旨述べている。市場のシグナルに加え、政策方針や規制の動向が発するシグナルも受け止めながら事業モデルを構想し、イノベーションに取り組むことによって

企業の競争力の強化はより確かなものになる。政策は社会課題をイノベーションにつなげる役割を果たす。

(2) 「持続可能な消費と生産パターンの確保」に対する貢献

循環経済の推進はSDGsのゴール12の「持続可能な消費と生産パターンの確保」に対する貢献として位置づけられており、以下のように製造から廃棄そして廃棄物の再利用までステージごとに整理されたうえで5つの優先分野が特定されている。

1) 製品デザイン
2) 製造プロセス
3) 消費
4) 廃棄物管理
5) 廃棄物の資源としての再利用(二次原料)
6) 優先分野
 −プラスチック
 −食べ残し(食品ロス)
 −重要原料
 −建設と解体
 −バイオマスと生物由来製品

(3) サーキュラーデザイン

社会課題の関係でデザインといえばユニバーサルデザインがよく知られている。しかし、循環経済でいう製品デザインは、高い耐久性、修理の容易さ、購入後の機能のアップグレードが織り込まれていることなどより長い使用を可能にするデザインである。以下「サーキュラーデザイン」と呼ぶ。

2つの方針が明らかにされている。

1つは、サーキュラーデザインの義務づけである。既にエコデザイン指令によって製品ライフサイクル全般についての環境配慮設計が義務づけられている。ただ、省エネ性能が中心であるので、サーキュラーデザインまで拡大する。耐久性や修理の容易さなどの事項が追加される方向である。解体時間の短さなど、日本製品が勘案してこなかった性能が競争優位のポイントになる可能性がある。

もう1つはリサイクル負担金をデザインの「サーキュラー度」に応じて差別化することである。リサイクル費用の負担する主体はヨーロッパと日本では異なる。日本では消費者が製品購入時にリサイクル費用を支払う。ヨーロッパではリサイクル費用はメーカー負担である。このため優れたサーキュラーデザインの製品のリサイクル負担金が低く設定されれば、メーカーがサーキュラーデザインに取り組む動機づけとなる。

既に見たようにアメリカ企業もサーキュラーエコノミーを取り込んだビジネスモデルの構築を模索し始めている。気候変動の次に来る大きな環境イシューの波になることはほぼ間違いない。次に述べるように「リマニュファクチャリング」や「プロダクトライフ・エクステンション」などをベースにしたさまざまな新しいビジネスが登場してくるだろう。

(4)　リマニュファクチャリング

サーキュラーエコノミー政策は製造方法のイノベーションにも力点が置かれている。中でも注目をしたいのが「リマニュファクチャリング(remanufacturing)」(日本語では「使用済み製品の再生」)である。

コミュニケーションは以下のように述べている。

> リマニュファクチャリングも潜在力の大きなエリアである。既に自動車や産業機械では一般的となっているが、新しいセクターにも応用できる可能性がある。EUはリマニュファクチャリングの促進を研究開発への資金等を通じて支援する。

リマニュファクチャリングは幅広い製品の設計や製造に影響を与え新しいビジネスチャンスを拡げていく可能性が高いことからのちに改めて解説する。

(5)　二次原料(再生原料)

二次原料とは完成品が材料ベースまで分解粉砕されたうえでつくられる再生

原料である。二次原料の使用の促進もサーキュラーエコノミー政策の重要な柱である。

注視を要する動きの1つが二次原料の品質に関する標準の策定である。二次原料の使用が進んでいないことの原因の1つは、二次原料の品質への不安にある。二次原料の品質に関する統一的な標準がないため、不純物含有の程度などがはっきりせず、結果的に使用が進まない。EUは、二次原料に関する品質標準を策定する作業を開始する旨明らかにしている。サプライチェーンの広がりを考えれば、二次原料の使用はEU域内に限った話にはとどまらないだろう。将来ISOなどの国際標準に持ち上げられていく可能性が高い。日本企業としても今のうちから標準策定に参画すべきだろう。

なお、EUが対象とする二次原料の範囲は広く、例えば栄養素も含まれている。栄養素は有機廃棄物に含有されているが、適切にプロセスされれば肥料などの二次原料となり、リン酸ベースの肥料の削減につながる。このように二次原料の使用促進はさまざまな分野の事業に関連し得る。

2.2.3 プロダクトライフ・エクステンション

EUのコミュニケーションは、消費者の購買選択は(1)知り得る情報、(2)製品のバラエティと価格、(3)規制の枠組みによって形づくられるとし、規制の枠組みの刷新を通じて消費者の選択を「より長く使える製品」に誘導する方向性を打ち出している。「プロダクトライフ・エクステンション」がキーコンセプトである。見逃せない規制変更を2点取り上げよう。

1つはラベリングである。日本と同様ヨーロッパにもエコラベルがある。エコラベルの表示対象の情報を耐久性など「長く使える」性能まで拡げる。

2点目が「計画的陳腐化」(planned obsolescence)の問題である。メーカー側が何らかの形で新製品の陳腐化を計画的に行うことで次の製品に需要をシフトさせることを指す。計画的陳腐化は製品の使用期間の短縮化を招くため問題となる。欧州委員会はテストプログラムによって計画的陳腐化にあたるものを特定し、対処方法を検討するとしている。もちろん、「計画的陳腐化」をどう捉えるかにもよるが、目先を変えて需要を拡大することは今日の消費社会の一般的現象である。そこに切り込むとすれば循環経済という政策コンセプトの潜在的影響は非常に大きいかもしれない。

計画的陳腐化の問題はヨーロッパで既に広く社会的関心の対象となっている。ある識者は「企業は計画的陳腐化のために修理や中古販売を困難にする仕掛けをしている」と指摘し、スマートフォンやパソコンを特殊な専用工具なしにはあけられなくする、修理をすると保証が無効になるという誤った認識を広める、こういった行為を批判している。

さらに、近年のIT製品の頻繁なモデルチェンジを背景にして製品開発思想そのものにかかわる「計画的陳腐化」批判もなされている。また、使い切り製品もやり玉にあがっており、特にパーソナルケアの分野は改善の余地が大きいとされている[4]。

なお、「ユーテリゼーション・レート(稼働率)」を向上もサーキュラーエコノミー促進の重要な柱である。この観点からシェアリングの促進が謳われている。なお、ヨーロッパではシェアリングエコノミーではなく「コラボラティブ・エコノミー」という言葉が使われることが多い。

2.2.4　ライフエクステンション・ビジネス

ライフエクステンション・ビジネスには修理、メンテナンス、アップグレードなどが関連するが、自社製品のみならず他社製品も対象とするなどさまざまなビジネスモデルが生まれつつある。ヨーロッパにおけるライフエクステンション・ビジネス及びNGOの活動の例をいくつか紹介する[7]。

- バックマーケット(BackMarket)社[7]

修理された製品、リマニュファクチャされた電子製品のオンライン販売を行う。昨年ベンチャーキャピタルファンドから約50億円の資本を調達。同社は「我が社は何十年も変わってこなかった市場を変えることに焦点をあわせている。夢は大きく、いつの日か、サーキュラー及びリユースが誰も無視できないパラダイムになることを信じている」と語っている。

- アイフィックスイット(iFixit)社[7]

製品ユーザーが自らつくった修理マニュアルや修理のコツ、必要な道具などの情報をシェアする無料サイトを運営。1300種類の機器の約49,000のマニュアルがアップされている。ミッションは修理を容易にすることあり、コンシューマIT製品用に設計された修理ツールキットの販売がビジネスモデルである。

• リペアアソシエーション[7]

「修理の権利」を掲げて活動を展開しているNGOである。消費者の権利として

⑴ 製品を修理できるために必要な情報、マニュアル文書、ソフトウェア、法的権利、パーツ及びツールを入手可能にする

⑵ ソフトウェアとファームウェアを修理できるようロックを解除する

⑶ 修理した製品を必要なソフトウェアも含めて再販売を可能にする

⑷ 修理とリサイクルの原則を製品開発に統合する

ことなどを求めている。関連市場規模は2022年までに4兆1千億円を超えると予想している。

2.2.5 リマニュファクチャリング

⑴ リサイクルとも違う新しいマニュファクチャリング

循環型モノづくりとして注目されているのが「リマニュファクチャリング」である。まず、リマニュファクチャリングがリサイクル及びリユースとどう違うのか、図表2.2に示す。

• リサイクルは使用済み製品を材料レベルまで戻し二次材料として再利用する
• リユースは同じ製品の「使いまわし」
• リペアは故障箇所を修理することによって同じ製品が再度使われる
• リマニュファクチャリングは製品の部品の入れ替えをし、再度組み立て直すことで新品同様にする。

使用済みになった製品に関して必要な範囲で部品を入れ替え、組み立てて新

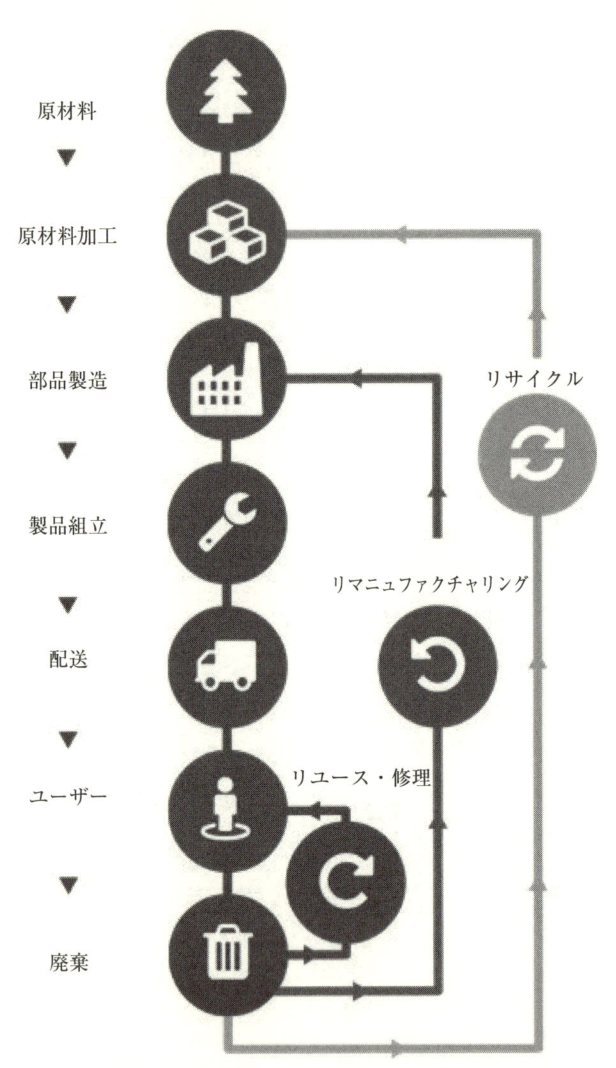

（出典）European Remanufacturing Network："What is Remanufacturing?", ERN HP, http://www.remanufacturing.eu/about-remanufacturing.php

図表 2.2　リマニュファクチャリング、リサイクル、リユースの違い

品同様に使えるようにするリマニュファクチャリングは、国内ではコピーメーカーによって行われてきた。コピーメーカーはオフィス用コピー機を企業にリースするが、古くなったコピー機は回収しリマニュファクチャリングし新品同様にしたうえで再度リースに出す。このリースとリマニュファクチャリングを組み合わせた循環型ビジネスモデルは、他分野でも実践され始めており、家具大手のイケアはヨーロッパで法人向けの机や椅子などでビジネスを開始している。

欧州委員会はリマニュファクチャリングを以下のように説明している。

> リマニュファクチャリングは製造プロセスの一形態である。製品の分解、部品の再生・交換、オリジナルのスペックに基づく部品と製品のテストが行われる。リマニュファクチャリングされた製品の性能は少なくとも元の製品と同等(新品同様)かそれ以上にアップグレードされており、製品保証もされるのが一般的である。

技術標準の世界では唯一イギリスの標準(BS 8887-2)にリマニュファクチャリングが規定されており「リマニュファクチャリングは製品を少なくともオリジナルの性能に戻し、同等か新しく製造された製品よりも良い製品保証を付する」と定義されている。リマニュファクチャリングはサステナビリティが求める新しい「モノづくり」である。

(2) 小松製作所のリマニュファクチャリング・ビジネス

日本企業においてグローバルな規模でリマニュファクチャリング事業を展開している企業の代表例が小松製作所である。同社はその取組みと今後の展開を次のようにホームページ上で公表している[9]。

> ○リマンとは「再生」を意味する「Remanufacturing」の略語で、お客様に次のようなメリットを提供しています。
> - 新品と同等の品質及び性能を保証
> - 新品に比べ割安
> - 適正に在庫されたリマン品により、休車時間を短縮
> - リユース・リサイクルによる資源の節約、廃棄物の削減

○グローバル拠点としてインドネシアに大型建設機械用エンジン・トランスミッション等を供給するコマツリマンインドネシア（PT Komatsu Reman Indonesia；KRI）と油圧シリンダを供給するコマツインドネシア（PT Komatsu Indonesia；KI）、チリにエレキダンプトラック用コンポーネントを供給するコマツリマンセンターチリ（Komatsu Reman Center Chile；KRCC）を設置しています。

インドネシア国内専用に大型建設機械すべてのコンポーネントを再生しているコマツマニュファクチャリングアジア（PT KOMATSU REMANUFACTURING ASIA；KRA）を設置しています。

グローバル供給（コアの出し入れ）が困難な国（中国、ロシア、インド）には個別にリマンセンタを設置しており、2013年1月にブラジルに11拠点目となるリマンセンタを設置しました。

○リマン情報の提供

各リマンセンタなどをネットワークで結ぶ「Reman-Net」を構築、グローバルなリマンオペレーションの展開やリユース・リサイクルに積極的に活用しています。

また、ICタグや2次元コードを活用してリマン品の再生履歴管理を行い、品質管理や耐久性情報を把握し、コマツが最適な寿命を有するコンポーネントを開発する上で重要な情報をフィードバックしています。

同社のリマニュファクチャリングは、受入検査、洗浄、分解、部品検査、部品洗浄、加修、組立、性能検査、塗装、出荷検査、出荷が一連のプロセスとなっている[10]。

さらに、使用済みコンポーネントの再使用率を向上するため、リマニュファクチャリング専用部品や再生技術の開発などに取り組んでいる。

2.3　プラスチック問題

2.3.1　リサイクル最大の難問

サーキュラーエコノミー政策には5つの優先分野（プラスチック、食べ残し、重要原料、建設と解体、バイオマスと生物由来製品)があげられており、筆頭はプラスチックである。EUは2018年1月に「循環経済におけるプラスチックについてのヨーロッパ戦略」と題されたコミュニケーションを出し、さらに5月に使い捨てプラスチック指令案を提出している。

まず、「プラスチック戦略」のコミュニケーションでヨーロッパのプラスチック政策の全体像を捉えたうえで、「使い捨て指令案」が担う部分を解説したい。

プラスチック問題に注目が集まった理由はなんといっても海洋プラスチックゴミであろう。世界全体で毎年500万トンから1300万トン(トラック台数に換算すると175万台分を超える)のゴミが海洋に流入している。これはプラスチックの毎年の世界生産量の1.5%から4%にあたる。海洋ゴミの80%以上がプラスチックであると推計されている。

規制対象のプラスチックは2種類。

① シングルユース(使い捨て)プラスチック:プラスチックバッグ、カップ、蓋、ストロー、ナイフ、フォーク、スプーンなど

② マイクロプラスチック:5ミリ未満のプラスチック。大半は大きなプラスチックが劣化するなどして分解したもの。

規制方法の中心はリサイクルと使用削減である。

プラスチックのリサイクルを難しくしている1つの根本的問題は、プラスチックは使われる製品や目的ごとに組成が異なることである。無限ともいえる多様性、これは金属材料とプラスチックの大きな違いである。コミュニケーションは「プラスチックの多様性はリサイクルプロセスを複雑にし、コスト高にし、再生プラスチックの品質と価値に影響を与える」と指摘している。プラスチックにはさまざまな化学物質や添加剤が使われており、同じパソコンの躯体でも色が違えばまったく別のプラスチックである。このプラスチックの特性は長く電気電子製品のリサイクルのネックになってきた。材質が均質なペットボトルのリサイクルが先行している理由はここにある。

電気電子製品のリサイクル指令の策定時、筆者はロビイストとしてブラッセルで活動していたが、この点をEUの行政官や議員に理解してもらうために大変苦労した記憶がある。

拙著(『競争戦略としてのグローバルルール』、東洋経済新報社、2012年)から引用したい[11]。電気電子リサイクル指令の審議にあたって欧州議会の取りまとめ役の議員としたやり取りとその後の産業界の対応である。

藤井「この規制案が求める水準(リサイクル率)は非現実的です。施行まで1年しかありません。とても対応は不可能です。修正すべきです」
議員「よいではありませんか。産業界が努力すれば、いずれ技術が進歩して法律が求める水準を達成することが可能になるでしょうから」
藤井「しかし、法は法です。実際に遵守できないことがわかりながら規制するのは適切なこととは思えません」
議員「法は目標なのです。法のめざす方向に社会が動いていけばそれでよいのです。すぐにはできないかもしれませんが、遠からずこの規制値は実現されます」

このような議会の反応を受けて日米欧の関連企業が緊急で集まった。さんざん議論した最終的な結論は、「放っておこう。どうせ誰もこの義務は果たせない」「この規制値は達成不可能な無理難題なので各国政府は国内法にする段階で適宜対処するだろう。しょせんヨーロッパからこの製品(ラップトップパソコン)をなくすことは不可能だから放っておいても大丈夫」。

「この規制が求める水準」とはラップトップパソコンのリサイクル率で、プラスチック部分をマテリアルリサイクルしないかぎり達成は不可能だった。そして多種多様なプラスチックをマテリアルリサイクルする技術は当時まだ確立しておらず、今日でも難しい。産業側が無視を決め込むという、いかにもヨーロッパ的な「解決策」に驚かされたのだが、プラスチックリサイクルは長年政策上の争点であり続けている。

2.3.2　救世主か？生分解性プラスチック

リサイクル、使用制限と並ぶ第三の解決策が生分解性プラスチックである。ただこれも手放しでとはいかない。欧州委員会は「プラスチック戦略」の中で生分解性プラスチックの意義は認めつつも、かえって問題を複雑にしている面があるとの見解を示している。

まず、「生分解性」とは何を意味するかである。欧州委員会によれば「生分解性」とラベルされたプラスチックは放っておけばどこでも勝手に分解していくのではなく、「特定の状況」のもとに置かれなければ分解しない。そしてその「特定の状況」は自然界にはほとんど存在しない特殊人工的な「状況」であり、海洋中ではさらに見出しがたい。

したがって、実際のところ多くの生分解性プラスチックは普通のプラスチックと同様に自然に残留してしまう。より悪いのは人々が「生分解性」だということで気軽に捨ててしまうことである。そういう意味では普通のプラスチックよりも問題を複雑化している。また普通のプラスチックと生分解性プラスチックが混ぜられると、リサイクル材料に品質上の問題を引き起こしてしまう。

もちろん、仮に「分解するには一定の状況が必要」だとしても分解性能を有すること自体は技術的前進である。将来日常的環境で生分解するブレークスルーもきっと起こるだろう。ただ、それまでの間は現在の技術の限界を認識しておく必要がある。分解するためには特定の条件があることを伝えず、「分解する」ということだけを単純化して強調すれば、人々は「生分解性」だからといって山中や海に気軽に捨ててしまい、逆効果にさえなりかねない。

今後、どのようなプラスチックを「生分解性」と表示してよいかについてのルール、それぞれの「条件付き生分解性」プラスチックは使用後どのように処理されるべきかについても消費者が知ることができる環境も整備されなければならない。このようなルールが導入されれば、自然界の一般的な状況で生分解する真の生分解性プラスチックへのニーズも高まり技術開発も促進されるはずである。

なお、欧州委員会はさらに一定の生分解性プラスチックについては環境へのメリットよりもデメリットが大きいとして規制をする意向も明らかにしている。具体的には酸化型の生分解性プラスチック（oxo-degradable plastics）である。このプラスチックは二段階に分解してく。最初が酸化分解、そして微生物分解である。しかし、このプラスチックは酸化分解によってすぐ小さな粒子になりマイクロプラスチックを生み出すため問題視されているのである。

2.3.3　ベンチャーが挑むイノベーション

以上のような状況はまだまだ生分解性プラスチックに関する技術は革新の余地が大きいことを示している。同時に関連市場も拡大が続いている[12]。オランダとイギリスに本拠を置くユニリーバは2025年までにはすべての製品のプラ容器を再利用・リサイクルするか堆肥化できるものに切り替えるとしており、ネスレ、P&Gなども同様の方針を発表した。UNEPのエリック・ソルヘイム事務局長は脱プラを「企業にとって新たなビジネス機会」と強調している。真に環境に優しいプラスチックやプラスチックの代替素材の開発には多くのベンチャー企業も挑んでいる[13]。

TBM社(東京・中央)は石灰石に樹脂を加えたプラスチックや紙の代替素材の増産に乗り出した。イベントで使う食品用の使い捨て容器などで実用化が進んでいる。

大阪大学発スタートアップのバイオワークス(京都府精華町)はポリ乳酸を使う生分解性素材の開発に取り組んでいる。ポリ乳酸はトウモロコシなどから採取可能で生分解性樹脂の原料として注目を集めているが、耐久性や耐熱性に課題がある。同社はポリ乳酸に加えると耐久性などが高まる自然由来の物質の開発に成功した。

神戸大学発のバイオエナジー(兵庫県尼崎市)は古米などからポリ乳酸を取り出す技術を開発した。新開発の乳酸菌と、水と米を発酵させる際に水素イオン濃度(pH)を制御する技術を組み合わせ、ポリ乳酸を簡単に取り出せるようになった。素材メーカーと連携して、コメ由来のバイオプラスチックの実用化を模索する。

インドネシアのスタートアップ、Evoware(エボウェア)は海藻由来の容器や食品包装材の開発に成功している[13]。

2.3.4　マイクロプラスチック

使い捨てプラスチックの問題の重要性は言うまでもないが、生態系への影響の観点から見た場合、より深刻なのはマイクロプラスチックであろう。問題は二重である。まず細かさのゆえに下水処理でもろ過されず河川や海に排出される。有機化学物質を吸着する性質があるため、マイクロプラスチックとともに吸着された化学物質が食物連鎖に取り込まれ、生態系に影響を及ぼす。

マイクロプラスチックにははじめから設計上粒子のプラスチックとして製造されたものと、大きなプラスチックが劣化して分解した結果マイクロプラスチック化したものと2種類ある。前者を「意図されたマイクロプラスチック」、後者を「劣化マイクロプラスチック」とすれば、「意図されたマイクロプラスチック」は化粧品、洗剤や塗料などに含まれる。一方、「劣化マイクロプラスチック」は主にタイヤの摩耗や合成繊維の摩耗などから生じる。

海洋汚染で問題となっているマイクロプラスチックの大半は「劣化マイクロプラスチック」であるが、相対的に対処しやすいのは「意図されたマイクロプラスチック」である。製品設計の問題であることから、設計を変更すれば排除できる。まず大手メーカーが自主規制を行った。NGOとの協働を通じユニリーバは2013年1月に、2015年までに化粧品やパーソナルケア用品等へのマイクプラスチックの使用を中止すると発表。ジョンソン&ジョンソンも2013年2月に、2015年までに使用を中止することを公表した。

その後、国の規制も整備された。例えばアメリカでは2015年にマイクロ・ビーズ・フリー・ウォーター法が成立。練り歯磨きなど製品にマイクロ・ビーズを添加することが禁止され、2018年7月より対象製品の販売が禁止されている。

EU内でも一部の国で一定の「意図されたマイクロプラスチック」禁止が検討されている。ただ、足並みをそろえないとEU内で販売できる国と販売できない国が生じ、単一市場の原則が崩れてしまうので欧州委員会が統一ルールを提案することになるだろう。

日本企業も対応を急いでいる。日本化粧品工業連合会は2016年3月に会員企業に自主規制を呼びかけ、花王は同年マイクロ・ビーズを含む製品の製造を中止している。

一方、対処がより困難な「劣化マイクロプラスチック」であるが、欧州委員会は規制の導入の方針を明らかにしている。具体的にはラベリングに加えて発生源として大きいと考えられているタイヤ及び繊維などに関する規制である。マイクロプラスチックに起因する環境負荷への対処費用をタイヤや繊維などのメーカー負担とすることも検討されている。これらのシグナルを受け企業ではマイクロプラスチック問題への対処のための研究開発投資を積極化していくだろう。摩耗にともなうマイクロプラスチックの放出を抑制する技術の社会的経済的価値は高いはずである。技術と政策の二重らせん構造の例の１つである。

2.3.5　使い捨てプラスチック指令案

欧州委員会は2018年５月に「使い捨てプラスチック指令」の案を公表した。具体的に欧州委員会の規制案を検討してみよう。

規制の対象は10種類の使い捨てプラスチックとプラスチックを使っている釣り用具である。ヨーロッパの海岸に打ち上げられるもっともよく見かけるプラゴミ上位10種類となっている。

規制内容は対象ごとに細かくカテゴライズされ、かなり複雑である。

一番強い販売禁止の対象となる使い捨てプラスチック製品は以下のとおりである。

プラスチック製ストロー（医療用を除く）
プラスチック製皿
プラスチック製フォーク、ナイフ、スプーン、箸
プラスチック製マドラー（かき混ぜ棒）
プラスチック製綿棒（医療用を除く）
風船のプラスチック製の柄（産業用などの風船を除く）

プラスチック規制については禁止対象に注目が集まりがちであるが、報道などで受ける印象とは異なり実際に禁止になった使い捨てプラスチック製品はプラスチック製品全体から見ればごく一部である。販売禁止製品について欧州委員会は「ストローのように代替が容易なもの」としている。では「代替が容易」ではない他の使い捨てプラスチック製品に対して講じられる措置はどういう内容か。一言でいえば「できるだけ使用を削減しながら、より環境にやさしく使う」ことである。使い捨てプラスチックについてはとかく販売禁止に耳目が集まりがちであるが、規制の全体像に関心を払う必要がある。

禁止されない使い捨てプラスチックへの規制の基本体系はこうである。まず、拡大生産者責任を課す(図表2.3の②)。拡大生産者責任とは製品のライフサイクルを通して生産者の責任を問うコンセプトであり、具体的にはリサイクル費用を生産者負担にすることである。加えて人々の意識向上のための措置が講じられる(図表2.3の③)。意識向上措置は加盟国各国が講ずる義務を負っているが、その費用負担が企業に求められる可能性もある。この拡大生産者責任と意識向上策は使用禁止とならないほぼすべての法対象使い捨てプラスチック製品に課せられる。

そのうえでいくつかの使い捨てプラスチック製品には性格に応じもう1つ措置が上乗せさせる。

1)　消費の削減措置(図表2.3の④)

2)　製品デザイン上の規制(図表2.3の⑤)

3)　表示規制(図表2.4の⑥)

のいずれかである。

まず、1)の消費削減措置であるが、食品容器と飲料カップが対象となっている。具体的な措置の中身は加盟国に委ねられている。例としては国ごとの削減目標設定、再利用可能な代替製品を消費者が選択できるようにすること、使い捨てプラスチック製品を有料制にすることなどがあげられている。次に2)のデザイン規制はどういう規制だろう。対象は飲料容器とそのキャップ、蓋、及び飲料ボトルである。例えばキャップや蓋がとれないようなデザインにすることが求められている。3)表示規制は衛生タオル、生理用品が対象であり、製品にプラスチックが使われていること、適切な廃棄方法、不適切な廃棄をした場合の環境インパクトなどについての表示。さらに、飲料ボトル(ペットボトル)に限りもう一段上乗せする形で分離回収義務が課せられている(図表2.3の⑦)。既述のとおり材質が均一なペットボトルはリサイクルが容易であるためである。

規制の全体像を改めて図表2.3で確認してほしい。

これを企業側から一般化してみると、自社の製品が何がしか環境上の負のインパクトをもたらしている際の対応方法のバリエーションとして見ることができる。そもそもその製品を市場に出すことをやめる。代替製品を開発しながら

図表 2.3　プラスチック規制の全体像

	①販売禁止	②拡大生産者責任	③意識向上策	④消費削減	⑤製品デザイン規制	⑥表示規制	⑦分離回収義務
綿棒	X						
スプーン、ナイフ、皿、かき混ぜ棒、ストロー	X						
風船の柄	X						
食料容器		X	X	X			
飲料カップ		X	X	X			
飲料容器、そのキャップ、蓋		X	X		X		
飲料ボトル		X	X		X		X
風船		X	X			X	
衛生用品、濡れティッシュ		X	X			X	
生理用ナプキン			X			X	
包み、ラップ		X	X				
タバコ製品のフィルター		X	X				
軽量プラスチックバッグ(レジ袋)		X	X				
釣り用具		X	X				

(出典)European Union：*Proposal for a DIRECTIVE OF THE EUROPEAN PARLIAMENT AND OF THE COUNCIL on the reduction of the impact of certain plastic products on the environment*, COM/2018/340 final - 2018/0172(COD)を元に筆者が再整理。

置き換えていく。設計上の変更で環境インパクトを小さくする。さらに消費者の取り扱いによって環境インパクトを低下できる場合はそのような表示をする。環境コストを何らかの形で負担する。使用済み製品を回収するなどである。

2.3.6　先進グローバル企業の挑戦

(1)　コカ・コーラの容器2030年ビジョン

プラスチックを多く使うグローバル企業は先行して対応を開始している。例えばコカ・コーラは2018年1月に「容器の2030年ビジョン」を策定しグローバルに3つの柱の措置を実施している[15]。

> 2018年1月、米国のザ コカ・コーラ カンパニーは、「廃棄物ゼロ社会」の実現を目指す新たなグローバルプランを発表しました。すなわち、容器に関する取組みを抜本的に見直し、2030年までにザ コカ・コーラ カンパニーの容器の数量100%相当分の回収・リサイクルを推進するグローバル目標を立てました。
>
> これを受けて、日本のコカ・コーラシステムにおいても、2030年を目標年とする「容器の新たなビジョン」を設定しています。この達成に向けて、日本のコカ・コーラシステムは飲料業界をリードすべく、以下の3つの柱から成る活動に取り組んでいきます。
>
> (1)　PETボトルの原材料として、可能な限り、枯渇性資源である石油由来の原材料を使用しません。原材料としてリサイクルPETあるいは植物由来PETの採用を進め、PETボトル一本あたりの含有率として、平均して50%以上をめざします。
>
> (2)　政府や自治体、飲料業界、地域社会と協働し、国内のPETボトルと缶の回収・リサイクル率のさらなる向上に貢献するべく、より着実な容器回収・リサイクルスキームの構築とその維持に取り組みます。国内で販売した自社製品と同等量の容器の回収・リサイクルをめざします。
>
> (3)　清掃活動を通じて、地域の美化に取り組みます。また、容器ゴミ、海洋ゴミに関する啓発活動に積極的に参画していきます。
>
> (出典)ニュースレター“廃棄物ゼロ社会(World Without Waste) – 容器の2030年ビジョン”、コカコーラサイト。

ペットボトルの原材料の過半を二次原料か植物由来にすること、また国内販売と同等量のペットボトルの回収も目標として掲げている。また、日本では経済産業省が主宰し海洋プラスチックゴミ問題の解決にむけたイノベーションをめざす「クリーン・オーシャン・マテリアル・アライアンス」や、環境省が中心となり消費者、NGOなども参加する「プラスチック・スマートフォーラム」それぞれのメンバーとなるなど広いステークホルダーと協力しながら取組みを進めている。高い目標を掲げ、その実現のために広い関係者と協力を進めることはサーキュラーエコノミーのような新しいイニシアティブが急速に世界を変えていく状況ではとりわけ有効な方策であろう。

⑵　アディダスの「パーレイ」ラインアップの成功

アディダスはプラスチック廃棄物が海に流れ込む前に回収し、ウェアやシューズとして蘇らせる活動をNGOパーレイ(PARLEY)との協働で進めている。スポーツシューズから各種スポーツウェアまでそろう「パーレイ」と命名されたプロダクトラインは世界的ヒットを記録している。製造プロセスは以下のとおりである。

① プラスチックゴミをモルディブなど海沿いの地域で海に流れ込む前に協力団体が回収。
② 回収したプラスチックゴミを洗浄し、ラベルをはがし、人の手によって選別と異物の除去を行う。
③ その後、粉砕され、溶解されたペレットは、繊維に成形された後、紡績機で高性能ポリエステル糸「パーレイ・オーシャン・プラスチック」に再生され、製品が編み上げられる。

実際、美しい編み上げのスポーツシューズなどシリーズの製品はいずれも機能性だけではなくデザイン性に富む。シューズ1足につき、およそ11本のペットボトルが海に流れ込むのを防いでいる。

2.3.7　理想を求めて競争力を高める

ヨーロッパはサーキュラーエコノミーとプラスチック戦略に基づいてさらに新しい政策を打ち出してくるだろう。筆者はプラスチック問題の本丸はまだ手付かずの劣化マイクロプラスチックにあるとみている。実際、自動車タイヤなどの摩滅にともなうマイクロプラスチックが問題としてクローズアップされつつある。塗料、衣料などにも新しい規制がつくられる可能性が高い[16]。

イギリスのEU離脱の可能性など政治的にEUが不安定化していることは間違いない。しかし、このことはEUのルール形成・執行機関である欧州委員会の機能が弱体化することと必ずしも同義ではない。むしろ、逆に欧州委員会は自らの存在意義をかけてルールメーキングマシンとして回転速度を上げているように見える。

EUという超国家機関と加盟国の国家主権を巡る問題についての政治的駆け引きは今後も続くであろうし、長期的には欧州委員会の機能に影響する可能性は否定できない。しかし、サステナビリティの重要性についての支持は加盟国間で幅広く、また産業競争力の強化にも資するとなれば、サステナビリティ・イシューに関するEUの先導的役割は当面続くと思われる。

日本企業にとって難しいのは国内とこのような海外の潮流がシンクロしないことである。日本国内では「プラスチックは燃やして燃料にするのが一番合理的」という認識であり、海外とは随分違う。2019年1月24日付『日本経済新聞』に掲載された「業界団体のデータ」ではヨーロッパのプラスチックのリサイクル率は31%、対する日本は86%。断然日本のほうが進んでいる。日本のスタンスは決して非合理なものではない。回収して燃料に使えば少なくとも劣化マイクロプラスチックが生じる余地はなくなる。

他方、『2018年OECD報告書』では、日本とヨーロッパのリサイクル率は逆転し日本のリサイクル率が22%でEUは30%である。ヨーロッパやOECDは廃棄プラスチックを燃料として使うサーマルリサイクルをリサイクルと見なさないためである。日本では廃棄プラスチックの58%がサーマルリサイクルに回される。ヨーロッパは温室効果の観点からもサーマルリサイクルに否定的である。

どちらがより環境に好ましいのかは議論のあるところだ。1ついえることは日本とヨーロッパは別の方向に向かっている、少なくとも考え方が違うということである。日本の政策は現実的である。ヨーロッパの政策は理念的である。その違いは将来産業競争力にも影響する可能性がある。政策としての是非は一概に論じられないが、イノベーションの誘因という点では、「サーマルリサイクルをリサイクルと見なさない」後者に軍配が上がるだろう。例えば、製品に再生プラスチックの使用が義務づけられれば、どうなるだろう。再生プラスチック供給できるのはヨーロッパ企業だけかもしれない。リマニュファクチャリングが主流になれば古い製品を回収しなければならないため製造場所（リマニュファクチャリングの場所）は地域的に分散し、製造業においても「世界の工場」的集中大規模生産に替わって「地産地消」的な生産－使用－再生産の循環型ネットワークが主流になる可能性もある。

サーキュラーエコノミーは新しいゲームのルールであり、その新しいルールを味方につけて上手にゲームができる企業が次の時代の勝者となるだろう。

第２章の参考文献

[1] 中小企業庁、経済産業省：「第２部　経済社会を支える中小企業、第１章　産業、生活の基盤たる中小企業、第３項　課題と対応」、『中小企業白書 2011 年版』、第 2-1-41 図　電気自動車等の影響（自動車部品の変化）。
[2] “Britain to ban sale of all diesel and petrol cars and vans from 2040”, *The Guardian*, Tue 25 Jul 2017.
[3] Department for Transport Great Minster House：*The Road to Zero*, July 2018. https://assets.publishing.service.gov.uk/government/uploads/system/uploads/attachment_data/file/739460/road-to-zero.pdf
[4] The California Air Resources Board：Zero-Emission Vehicle Program, October 2018.
https://ww2.arb.ca.gov/our-work/programs/zero-emission-vehicle-program
[5] “海南省で従来型自動車の禁止方針が明確に、ハイブリッド車も対象か―3 月 1 日に条例施行”、「Record China」、『朝日新聞』、2019 年 3 月 7 日朝刊 8 面、如月隼人（翻訳、編集）：2019 年 1 月 11 日。
https://www.recordchina.co.jp/b678044-s0-c20-d0142.html
[6] ING：“The race to a circular economy heats up for U.S. compamies”, *ING Research*, Feb 05, 2019.
https://www.prnewswire.com/news-releases/ing-research-the-race-to-a-circular-economy-heats-up-for-us-companies-300789776.html
[7] Gina Lee：“Extending product life to build a circular economy”, *GreenBiz*, February 8, 2019.
https://www.greenbiz.com/article/extending-product-life-build-circular-economy
[8] European Remanufacturing Network：“What is Remanufacturing?”, ERN HP, http://www.remanufacturing.eu/about-remanufacturing.php
[9] 小松製作所：「リマン事業の展開」、『環境報告書 2017』。
https://home.komatsu/jp/csr/environment/recycle/reman.html
[10] 小松製作所：「リマン工程図」、『環境報告書 2017』。
https://home.komatsu/jp/csr/environment/recycle/reman.html
[11] 藤井敏彦：『競争戦略としてのグローバルルール』、東洋経済新報社、2012 年。
[12] 「生分解性プラ売上高 26 年に５倍、クラレ海外販売に力」『日本経済新聞』、

2019 年 9 月 18 日。
[13] 「脱プラスチック、新興企業に商機　石灰石や古米活用」、『日本経済新聞』、2019 年 1 月 21 日、9 面。
[14] European Union：*Proposal for a DIRECTIVE OF THE EUROPEAN PARLIAMENT AND OF THE COUNCIL on the reduction of the impact of certain plastic products on the environment*, COM/2018/340 final - 2018/0172 (COD).
[15] "廃棄物ゼロ社会（World Without Waste）－容器の 2030 年ビジョン"、ニュースレター、コカコーラサイト。
https://www.cocacola.co.jp/sustainability/sustainability-report/2018/environment05
[16] 足達英一郎：「使い捨てプラスチック規制　象徴的なストロー流通禁止　EU の周到な経済戦略も背景」、『エコノミスト』、第 96 巻、第 28 号、2018 年 7 月 17 日、毎日新聞出版。

第3章

人権サプライチェーン対応の今とこれから

3.1　国際連合人権指導原則

3.1.1　国際連合人権指導原則のエッセンス

ツイッター、ユーチューブなど、ソーシャルメディアは社会経済に広範な変化をもたらした。サステナビリティおいても同様である。

まず、従来では大事に至らなかったような問題がソーシャルメディアのネットワーク乗って拡散されることによって企業のレピュテーション(評判)に大きなダメージを与える。マスメディアは事実関係の一定の「裏とり」を行うが、ソーシャルメディアには必ずしも当てはまらない。主流メディアであれば取材申し込みという一種の事前警告があることが一般的であるが、ソーシャルメディアの情報の発信主体は極度に細分化され、いつ誰がどんな情報を流すか、多くの場合、予測は不可能である。

サプライヤーが起こした問題が自社に帰責される可能性も従来にもまして高まっている。企業は自らのレピュテーションを守るためもサプライチェーン・マネジメントにこれまで以上にリソースをさく必要がある。国際的に合意された規範への準拠は実践のうえでも理念のうえでも自社の正当性の最善の根拠となる。

パリ協定が環境面で世界の様相を一変させたとすれば、人権面でそれに相当するインパクトを与えたのが、「ビジネスと人権に関する指導原則：国際連合『保護、尊重及び救済』枠組実施のために」、いわゆる国連人権指導原則であろう。2011年に全会一致で合意された。国連人権指導原則は3つの柱で構成されている(図表3.1)。

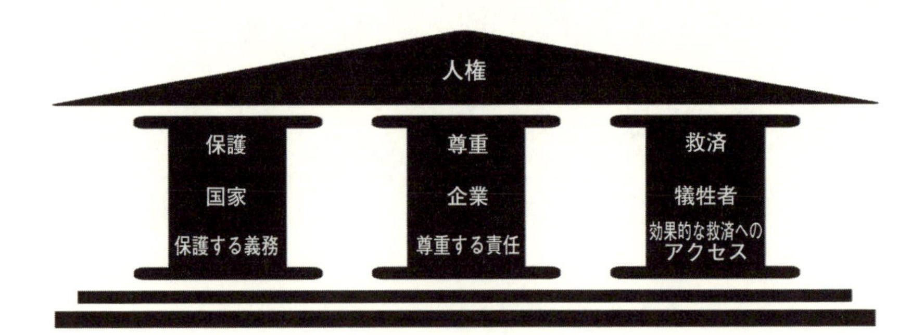

図表 3.1　国連人権指導原則の3つの柱[1]

国連人権指導原則の3つの柱
1)　国家の人権保護義務：国家は、適切な政策、立法、規制、裁定を通じて、人権が企業を含む第三者によって侵害されることから保護する義務がある。
2)　企業の人権尊重責任：企業は、他者の人権侵害を行わないようデューデリジェンスを実施し、自らが関与している人権への負の影響に対処する責任がある。
3)　効果的救済へのアクセスの拡充の必要性：ビジネスに関連した人権侵害の被害者が、裁判手続及びその他の救済をより利用しやすくする必要がある。

人権の尊重に関する企業の責任について国連指導原則は以下の行動を企業に求めている(図表 3.2)。

1)　人権尊重の方針を示すコミットメントの表明
2)　以下に関する人権デューデリジェンスの実施
- 人権への実際の及び潜在的な影響の評価
- 評価結果の統合、及び潜在的影響の防止または軽減するための措置
- パフォーマンスの追跡
- パフォーマンスの公開

3)　企業が人権への負の影響の原因となったり、これを助長したりした場合、

- 人への危害を防ぎ、人権問題に対処する。
- 企業内、事業関係における人への危害に注意する。
- 慈善活動や社会貢献は人権問題の埋合わせにならない。
- 「告発される不名誉」を恐れるより、「認識し、開示」しよう。

- 方針にコミットし、浸透させる
- 人権デューデリジェンス
- 救済と苦情対応

図表 3.2　企業に何が求められるか？[1]

被害者の救済を提供または可能にする手続き
国連の定める企業の人権尊重責任には2つの特徴がある。

1）企業自身の活動全般にとともにサプライチェーン内の企業にも適用されること
2）人権に対する負の影響を回避する責任であり、人権の擁護や促進ではないこと

特に後者は課題解決型のSDGs的アプローチに慣れ親しんでいると見過ごしがちである。国連人権指導原則が企業に求めているのは、外部にある課題の解決に乗り出すことではなく、まず企業自らが問題の原因となることを避けることである。

国連人権指導原則特有の性格と意義を考えてみよう。合意に縛られるのは国連加盟国政府である。ただ、同時に企業の行動に対してガイドライン的な規範を（加盟国が自国企業向けのものを作成するのではなく直接）設定していることが1つの特徴である。類似例にはOECD（Organization for Economic Co-operation and Development：経済協力開発機構）の多国籍企業ガイドラインがある。OECDの多国籍企業ガイドラインも企業に直接一定の行動規範の順守を求めている。グローバルなガバナンス構造という観点から興味深い。

また、国連人権指導原則は「人権」についての政治的分裂の歴史に終止符

を打つものであった。ラギー教授自身が「数十年にわたる多様なステークホルダー間の意見対立や論争を経て」と述べている（出典　国連指導原則報告フレームワーク序文）。

少しだけ歴史を振り返ろう。人権問題は長く国際社会を二分してきた。戦後の東西冷戦の時代、東側陣営は西側に、西側は東側にそれぞれ人権侵害の非難を向けた。さらに、南北、つまり先進国と発展途上国の対立が先鋭だった時代、人権は発展途上国側が先進国の多国籍企業及び政府を批判する材料として使われた。先進国企業が発展途上国の労働者を「搾取」しているという主張である。人権は東西及び南北の対立軸の１つとなり、国連における何らかの合意は想像すら困難であった。

なお、先にあげたOECDの多国籍企業ガイドラインは、1976年という早い時期に策定されているが、OECDが西側先進国だけをメンバーとする機関であることがそれを可能にした。いずれにせよ国連人権指導原則は国際政治の観点から見ても大きな達成といえるだろう。

3.1.2　そもそもデューデリジェンスとは？

国連人権指導原則は人権に関する企業の「責任」と「デューデリジェンス」をリンクさせた。サプライチェーンに関する社会環境問題に適切に対処するためには、デューデリジェンスについての理解が欠かせない。

デューデリジェンスとはそもそも何なのか。この用語はビジネスの世界では主に企業買収やプロジェクトファイナンスの際に使われる。いわゆる「デューデリ」である。例えば企業買収の際には必ず買収決定の前に実施しなければならない。例えば買収した会社が特許紛争を抱えていたにもかかわらず気づかずに買収し、買収後に大きな賠償支払いを余儀なくされたとしよう。デューデリジェンスが十分に行われなかったということになれば株主代表訴訟が提起される可能性がある。

「デュー」とは「しかるべき」という意味である。日本語としては「合理的」としてもよいだろう。「デリジェンス」は「注意」である。つまり「しかるべき注意」ないし「合理的注意」を払うことがデューデリジェンスである。ポイントは「（完璧な）注意」ではなく「しかるべき（水準の）注意」でよしとされることにある。

それはこういうことだ。仮に買収対象の会社が悪意をもって特許紛争の存在を隠したとしよう。そのような場合、買収を考えている会社はいかに注意深くチェックしても発見することは困難だろう。なぜならまだ買収していない会社は他社であり、調査には限界があるからだ。したがって、合理的な注意を払って調査を行ったことを立証できれば、仮に何か重大な問題を見逃したとしても原則として免責される。

「十全(完全)」ではなくても「しかるべき」水準であればよしとされる、とはそういうことである。この点で、デューデリジェンスは説明責任と結びつく。「しかるべき注意」をはらったことを第三者に説明できなければならない。踏むべき手続を踏んだという「手続的説明責任」及び形だけのものではなかったという「実質的説明責任」の双方の説明責任を果たさなければならない。

もちろん、「しかるべき水準」は一義的に決まるものではなく、常に判断の余地が残る。もし係争になれば自社が「しかるべき」注意であると考えていたものが、そうではないと判断される可能性は排除されない。責任とデューデリジェンスについて国連人権指導原則は次のように述べている。デューデリジェンスは非常に重要だが、同時に絶対的な免罪符ではない。

デューデリジェンスと法的リスクの関係

企業がサプライヤーによる人権侵害に加担している場合問題は複雑になる。法的にはサプライヤーの人権侵害から便益を受けているような場合には共犯という認定がされる可能性がある。大半の国では共犯に対して刑事訴追が可能になっている。適切な人権デューデリジェンスを行うことは、サプライヤーの人権侵害に関与することを避けるためのすべての合理的な措置をとったことを示すことでこのような法的リスクへの対処となる。ただし、そのようなデューデリジェンスを行ったからといって自動的また完全に法的リスクがなくなるわけではない。

サプライチェーンの人権問題に関する企業の責任がデューデリジェンスと密接につながるのは、サプライヤーは定義的に「他社」であるからである。したがって、払える注意には限界がある。だからこそ「しかるべき注意」を払い問題点を慎重に洗い出し評価し、かつそれを事後に第三者に説明できるようしっかりした手順を踏んで行わなければならないのである。

なお、自社内におけるハラスメントなど不祥事防止の文脈で、「デューデリジェンス」という言葉が使われることは通常ない。内部監査の問題となる。なぜならば、すべての情報が入手可能である(社内情報にアクセスできないという理由は対外的に成り立たない)ため、自社内で問題が発生した場合には「しかるべき注意」を払っていたからといって免責されることは通常ないからである。対象の外部性が「デューデリジェンス」という方法的概念を要請するのである。そしてその方法的概念を人権に関する企業の責任として国際的に明確にしたのが国連人権指導原則である。

なお、サステナビリティの世界では国連人権指導原則も含めデューデリジェンスといった場合、一般にサプライヤーのみならず自社も対象に含まれていることには注意を要する。ただ、要請される事項や水準は同一ではないので、後ほど取り上げるOECDの「デューデリジェンス・ガイダンス」では、サプライヤー向けデューデリジェンスと自社を対象に行うデューデリジェンスは区別して記述されている。

3.1.3　国連人権指導原則実行のポイント

デューデリジェンスの段階ごとの実行の要点については次節でOECDデューデリジェンスガイドラインに沿って解説する。ここでは国連人権指導原則に基づき、まず人権方針策定に関するポイントを紹介する。

1)　パブリックなコミットメントであり、社内方針ではないこと
2)　企業自身の活動及び取引関係全体にわたるコミットメントであること
3)　人権をより一般的に擁護・促進する活動に関するものではないこと
4)　企業の正規社員と同様に契約社員や派遣社員など人権尊重を確実にするために必要な対象とすること。

このうち、3)には十分な留意を要する。求められている方針は人権を一般的

に守り、促進する方針ではない。また、4)については日本の場合外国人技能実習生との関係にも注意が必要である。

次に実行段階についてである。企業のリソースには限界があるため対応すべき人権課題には優先順位をつけざるを得ない。その場合のポイントは以下のようなものである。

1) 人権への潜在的に最も深刻な負の影響に焦点をおく
2) 焦点となるのは人へのリスクであり、ビジネスへのリスクではない
3) 潜在的に影響を受けるステークホルダーからの情報を考慮する

人権課題の1つの特徴は地域性である。政治経済状況や社会のパーセプション、慣行などによって人権課題の発生する可能性の高い地域が存在する。優先的にリソースを投下する地域を選択する場合のポイントには以下のようなものがある。

1) 地域紛争、法的保護の弱さにより人権リスクが大きい国・地域
2) 地域の特定のグループが社会慣行などのために特に脆弱である国・地域(例えばミャンマーにおけるロヒンギャ)
3) 腐敗などの原因でサプライヤーが当局の監視を十分受けておらず人権上のリスクが大きい国・地域

3.2 OECDデューデリジェンス・ガイダンス

3.2.1 「デューデリジェンス・ガイダンス」のポイント

国連人権指導原則は、その性格上、概念的な整理が中心である。他方、OECDの『デューデリジェンス・ガイダンス』[2]はデューデリジェンスをステップごとの具体策にブレークダウンしたより実践的な内容となっている。

2018年5月に発行され、根拠は『OECD多国籍企業ガイドライン』(2011年)におかれているが、同時に国連人権指導原則のフォローアップ文書的な性格も有している。全産業を対象とする横断的な『デューデリジェンス・ガイダンス』に加えて産業別の特性を踏まえたいくつかの産業別のガイダンスも用意されている。

OECDの『デューデリジェンス・ガイダンス』は人権のみならず広く社

会・環境に関する主要項目をカバーしている。実際、CSRに関するサプライチェーン・マネジメントが人権問題だけに絞ってなされることは稀であろう。以下の議論は人権を中心としつつもCSR項目全般に関するサプライチェーン・マネジメントを念頭に置く。

CSRサプライチェーン・マネジメントの項目はセクターやビジネスモデルによって一定ではないが、以下の項目は多くの企業で共通している。

主なCSRサプライチェーンリスク

（社会）

- 児童労働
- ハラスメント
- 強制労働
- 労働時間
- 職場での健康と安全
- 団結権と団体交渉
- 賃金
- 贈賄などの腐敗

（環境）

- 有害物質
- 水
- 温室効果ガス

具体的対応をOECDのセクター別ガイダンスの中でも最も詳細な『衣料・製靴セクターにおける責任あるサプライチェーンのためのデューデリジェンス・ガイダンス（OECD Due Diligence Guidance for Responsible Supply Chains in the Garment and Footwear Sector）』[3]を使いながら検討したい。なお、OECDのガイダンスは既述のとおりデューデリジェンスを自社に対するものとサプライヤーに対するものにセクションを分けている。ここでは、より複雑なサプライヤー対象のデューデリジェンスに絞る。またOECDでは「RBC」（Responsible Business Conduct：責任ある企業行動）という概念を使うが、人口（じんこう）に膾炙（かいしゃ）しているとは言いがたいので以下では理解しやすさを優先し「CSR」と言い換える。

まず、6つの大項目にプロセスが分けられている。

1) CSRを企業の方針とマネジメントシステムに組み入れる

2) サプライチェーンの潜在的もしくは実際の負のインパクト(harm)を見つける

3) サプライチェーンにおける負のインパクトを止める、防ぐ、緩和する

4) 実態と結果を追跡する

5) インパクトにいかに対処しているかについてのコミュニケーション

6) 適切な場合の救済策の提供ないし救済策への協力

である。

以上6つの大項目はそれぞれ2～4のサブ項目に分かれている。例えば、1) CSRを企業の方針とマネジメントシステムに組み入れる、のサブ項目は

① サプライチェーンのCSRへのコミットメントを明確に述べた方針を採用する

デューデリジェンス・プロセス（(2)～(5)）

(1) CSRを企業の方針とマネジメントシステムに組み込む
- サプライチェーンのCSRにコミットすることを明確に述べる方針の採用
- サプライチェーンの侵害リスクに対するデューデリジェンスを行なうためのネジメントシステムの強化

(2) サプライチェーンの潜在的及び実際の負のインパクト(harm)の特定
- サプライチェーンの負のインパクトに関するリスク調査(スコーピング)
- リスクの高いサプライヤーの現場レベルでのアセス
- 自社のインパクトとの関係のアセス

(3) サプライチェーンの負のインパクトの阻止、防止、緩和

(4) 追跡
- デューデリジェンスの進展と効果の裏付け(監査)、モニタリング、検証。

(5) コミュニケーション
- 潜在的及び実際の負のインパクトにどのように対処したかを含めデューデリジェンスのプロセスを対外的に開示
- 影響を受けたステークホルダーとのコミュニケーション

(6) 適切な場合に救済策の提供ないし救済策に協力
- 正当なプロセスを通じて寄せられた苦情を聞くことへのコミットメント

(出典) OECD：*OECD Due Diligence Guidance for Responsible Supply Chains in the Garment and Footwear Sector*, 2017.

図表3.3 デューデリジェンス・プロセス全体の流れ [3]

②　デューデリジェンスを実施するためにマネジメントシステムを強化するの2つである。

サプライチェーン管理全体の流れをOECDの衣料・製靴セクターガイダンスは図表3.3のように整理している。(1)「方針」と(6)「救済」に挟まれた(2)「負のインパクトの特定」から(5)「コミュニケーション」までがデューデリジェンスにあたる。

サプライチェーンにおけるCSR事項の複雑さを反映し衣料・製靴セクターのガイダンスだけでも英文で190ページ近い大部の文書となっているため、重要部分に絞りつつ企業の取組みも織り交ぜながら解説したい。関心ある読者はオリジナルのガイダンスの全体に目を通すことをお勧めしたい。

3.2.2　企業方針とデューデリジェンス実施のマネジメントシステム

現状、多くの日本の企業がサプライチェーンの人権方針を策定したところか、もしくは策定中、策定の検討中ではないだろうか。考えどころの1つが、デューデリジェンスの実施自体を方針に書き込むかどうかである。OECD[2]は「デューデリジェンスを実施することへのコミットメントを方針に明記することを考慮すべき」としている。さらに、方針の具体性を高める観点から、一次サプライヤーがサブコントラクターを使う場合に一次サプライヤーにデューデリジェンスの実施を求めることも明記することを勧めている。このようにサプライチェーンに関するCSR方針、人権方針はできるだけ具体的であることが望ましい。漠然とした方針では、方針に基づいて行われるべきマネジメントシステムの強化が不十分になる。ステークホルダーに対するメッセージも弱いものとなる。

また、マネジメントシステムの強化の観点からは、さまざまな意思決定をデューデリジェンスの実施や結果を織り込んだうえで行うことが重要となる。例えば、新製品の開発や製造の意思決定にあたってはその採算性検証の前提にあらかじめデューデリジェンスのコストを入れておくことなどである。

既述のとおりデューデリジェンスはしかるべき注意をもって実施したことを第三者に示すことができなくてはならない。その関係でデューデリジェンス結果に関する情報の保持期間も実務的論点となるが、OECDでは5年間の保存を推奨している。

3.2.3 スコーピング

スコーピングとはサプライチェーンに潜むリスクもしくは既に顕在化しているリスクの性格と所在の目星をつける作業である。「国連人権指導原則報告フレームワーク」でいう「人権課題の特定」、「重点地域選択」にあたる。別名「デスク・リサーチ」とも呼ばれるように、現地で行う実地調査ではなく一般に入手可能な情報を活用分析しながらリスクのすくいあげを行う。リスクの類型には、以下の4種類がある。

サプライチェーンに潜むリスクの類型

- 製品特性と関係する「プロダクトリスク」
- 国や地域の政治や社会情勢に起因する「カントリーリスク」
- 製品ライン数や生産の季節的変動などに起因する「ビジネスモデルリスク」
- 調達方法(直接か間接かなど)に関係する「ソーシングモデルリスク」

スコーピングは最初に行われるリスク調査であり、当初予定していたサプライヤー所在国のカントリーリスクが許容範囲を超えている(例えば当該国で人身売買が横行しているなど)という判断になれば別の国のサプライヤーを探すなど、調査結果に応じてサプライチェーンの組み直しが行われることもある。

スコーピングを支援する情報提供サービスも登場してきている。例えば、Verisk maplecraft社はサプライチェーンがかかわる国のカントリーリスク、製造される製品に応じたプロダクトリスク情報を提供する。既にいくつかの日本企業も使っている。また、Rights DD社は人権リスクに特化した情報プロバイダーであり、人権分野にフォーカスしている分コストが低廉であるなどそれぞれ特徴を有している。

3.2.4 ステークホルダーヒアリングとオンサイトサーベイ

スコーピング情報を基に既存サプライヤーやサプライヤー候補をチェックしたうえで、ステークホルダーヒアリングやオンサイト(現場)サーベイを実施する。ヒアリング対象のステークホルダーはサプライヤーが存在する国や地域で活動する国際機関(ILO など)、政府及び関連団体、産業団体、労働組合及びNGO が候補となる。NGO については各国の NGO センターへの問い合わせを行い、活動領域を確認したうえで、ヒアリングを設定する。また、国際 NGO とのヒアリングをベースとするなどの方法がある。

サプライヤーへのオンサイトサーベイは、基本的には経営者インタビュー、書類精査、労働者インタビュー及びサイトツアーにて構成されることが多い。状況により経営者インタビューのみ実施される。また、オンサイトサーベイが難しい場合は、アンケートで代替する場合もある。

3.2.5　問題の予防及びリスクの軽減

未然に人権侵害問題の発生を防ぐための3つの基本施策があげられている。

人権侵害問題を防ぐ3つの基本施策

1)　サプライヤーのエンゲージメント(積極的関与):特に侵害が起こった場合の解決策についてのインプットをサプライヤーから得られるようにする。

2)　コントロール措置:リスクを低減させるための措置。中でも労働者及び管理者のトレーニングは効果的である。

3)　レッドフラッグシステム:リスクの前兆を示す早期警戒システムである。問題発生の予兆を示す指標を決めておき、当該指標が一定値を超えた場合にはモニタリングを強化する。あわせて実際に負のインパクトが特定された場合の措置(コンティンジェンシープラン)をあらかじめ決めておく。繊維業界の場合、仕様の変更の頻度、発注量の変更などの指標がレッドフラッグに該当する可能性がある。

以上3つの予防・リスク軽減策はいずれも重要であるが、中でも、サプライヤーの従業員と経営層へのトレーニングは基礎的ではあるが欠かせない対策である。実施にあたっては、調達企業自ら実施する、また、専門サービス企業に依頼するなどの方法があるが、加えて国際機関との協働によるトレーニング実施も考えてみてはどうだろう。

国際労働機関(ILO：International Labour Organization)と国際金融公社(IFC：International Financial Corporation)は共同で「ベターワーク」というアパレル産業を対象としたプログラムを実施している。このプログラムはサプライヤーのアセメントまで含む包括的なものであるが、サプライヤーの経営層、従業員へのトレーニングが1つの柱となっている。教育項目は国際労働基準、各国労働法事項などとなるが、個々の工場までベターワークの職員が出向いてトレーニングを実施する。既に8カ国の1700を超える工場で240万人の従業員にプログラムが実施されている(2019年4月24日現在)[4]。最も早く同プログラムに参加した日本企業はアシックスで、2014年からサプライチェーン・マネジメントにベターワークを活用している。アシックスの『2015年度サステナビリティレポート』[5]は以下のように述べている。

> アシックスは、…(中略)…ILOベター・ワーク・プログラムなどの第三者機関のステークホルダーと協力してサプライヤー向けの研修を実施しています。研修はサプライヤーの将来的なコンプライアンス上の問題回避と、労働者と従業員の良好な関係構築に役立ち、最終的に、労働者の安全と健康、そして製品の品質と生産性の向上につながります。…(中略)…アシックスはまた、ILOベター・ファクトリーズ・カンボジア・プログラム(BFC)と協働し、カンボジアのサプライヤー22社にも研修を実施しました。研修では、管理スキル、消防安全、報酬、労働者及び労働組合の権利と責任など、幅広い課題を取り上げました。
>
> (出典)アシックス：『2015年度サステナビリティレポート』

またギャップ、リーバイ・ストラウス財団、ナイキ、ウォルマートのようにベターワークプログラムに拠出し、活動を直接支援している企業もある。

問題の予防、リスクの軽減のためには調達側企業内で実施すべきこともある。大きく括ると、OECDガイダンスがあげる社内で実施すべき措置は次の4つである[3]。

1)　サプライヤーを「選ぶ」

2)　サプライヤーを「まとめる」

3)　サプライヤーをよく「知る」

4)「インセンティブ」を設計する

である。

1)の「選ぶ」とはリスクが大きすぎると判断されるサプライヤーを契約先に選定しないためのプレスクリーニングの実施である。先にあげた地域ごと、個別サプライヤー・工場ごとのリスク調査の成果を活用して行われる。

2)の「まとめる」とはサプライヤーが多数で、かつ地域的にも過度に分散している場合、リスクマネジメントに困難をきたす可能性があるため、ある程度サプライヤーを集約することである。

3)の「知る」とは、できる限り対面コミュニケーションをとることでサプライヤーの考えや実状を深く理解することである。OECDは現地に調達オフィスを設置すること、従業員がサプライヤーを訪問することなどを勧めている。

4)の「インセンティブ」はサプライヤーが法令や契約上の行動規範その他を遵守する動機づけである。CSRパフォーマンスのよいサプライヤーに発注を優先するなどの例があげられている。

3.2.6　モニタリング、監査

OECDガイダンスは冒頭「監査疲れ(auditing-fatigue)」に言及する。労働時間から労働者の年齢、身分証明まで手を尽くし偽装しようとする一部のサプライヤーと見破ろうとする買い手企業のトムとジェリーばりの「追いかけっこ」にはほとほと疲れたという企業は少なくない。しかし、OECDは「監査疲れ」(の克服)こそ衣料・製靴セクターのチャレンジだと述べている。やはりサプライヤーのCSR対応が実際に進捗しているか否かについて確認することはどうしても必要である。

モニタリングと監査は3つの要素に分解できる。

1)　合意事項や法規制が順守されているかどうかの「**監査**」

2)　リスクファクターに関する状況の継続的「**モニタリング**」

3)　合意された実施事項の実効性があがっているかどうかの「**検証**」

高いリスクがあると目されるサプライヤーを個社ないし工場単位で監査す

る。例えば、セクシャルハラスメントについての教育が契約どおりに実施されていれば、監査上は合格となる。他方でモニタリングから得られる情報に基づけば「実際に教育の成果が上がっているのか定かではない」という懸念が生じたとしよう。その場合はリスクが存在することになり、原因を特定し改善策を講じなければならない。これが「検証」である。上記3つの措置にどの程度の頻度とリソースをかけるかはリスクに応じて決められる。また、この点でも国際機関との協働は有効である。アシックスは、自社監査、委託監査とならび複数ステークホルダーと取り組む「パートナー監査」の3つの監査手法をとっており、パートナー監査として「ベターワークプログラム」と協力している。

アシックスは、取引開始後も継続的に監査を行い、生産委託先工場を定期的に評価しています。監査には自社監査、委託監査、パートナーによる監査の3種類があります。さらに、サプライヤーとその下請け業者の順守レベルを調べるための自主点検も実施しています。

自社監査

当社のCSR担当者が監査員として現場確認、資料確認、経営陣へのインタビューをします。アシックスの考え方を詳しく経営陣に説明し、意見交換をしながら、問題点の抽出や改善策の立案をしています。

委託監査

監査会社に依頼して実施する監査です。現地の法規や言語、文化に精通したプロの監査員が行うことで、従業員の声など自社監査では集めきれない情報を得ることができます。

パートナーによる監査

複数ステークホルダーとの取組みの一環として、サプライヤーとの協働で実施される監査です。2007年度から2012年度までのパートナー監査は公正労働協会(FLA)が実施しました。2013年度の2件の監査はILOベター・ファクトリーズ・カンボジア・プログラム(BFC)が実施しました。アシックスは2014年1月にILOベター・ワーク・プログラム及びBFCの正式パートナーとなりました。

(出典)アシックス：『2015年度サステナビリティレポート』

3.2.7　契約解消

調達企業にとって最も難しい判断を求められる局面は実際にサプライヤーで人権侵害が発生し、「契約解消」の判断の必要性が生じた場合であろう。

この点についてOECDガイダンスは次のように述べている

責任ある契約解消(disengagement)は選択肢の1つである。契約解消は次のような場合に許容される。

1)　サプライヤーが是正措置を合意した期間内に実施しなかったなど諸措置が功を奏さなかった場合
2)　予防措置、緩和措置のフィージビリティがないと判断された場合
3)　例えば従業員の安全や健康について差し迫った深刻な危険が見つかった場合、そのような現場での生産が行われないようにする(筆者注：部分的ないし一時的な関係解消ともいえるだろう)

契約解消を決定した場合は次のような措置をとるべきである

1)　法令、国際的労働基準、労働組合との協定の順守
2)　決定を根拠づけるにたる詳細な情報を経営と労働組合に提供する
3)　サプライヤーに時間的余裕をもって事前に通告する

3.2.8　サプライヤーアセスメントと監査のツール

(1)　サプライヤー、工場単位のアセンメント・監査サービス

自社でサプライヤー監査を行う例ももちろん多いが、近年個々のサプライヤーのリスクアセスメントサービスを提供する企業やNGOが登場している。例えば、Eco VadisやSEDEXがその例である。いずれも日本企業も既に使っている。

まずフランスのEco Vadis社のサービスについて概観してみよう。同社はサプライヤーの人権に限られない全般的なCSRパフォーマンスを評価するシステムを有し調達側の企業とサプライヤーのネットワークを形成している[6]。

Eco Vadis社は、クライアントの求めに応じて各種項目についてサプライヤー個社の評価を行っていく。サプライヤーにオンラインで質問票を送るが、サプライヤー側に回答のみならず回答を書類で根拠づけることを求めることが同社の1つの特徴である(図表3.4)。サプライヤーはさまざまな自社情報をシ

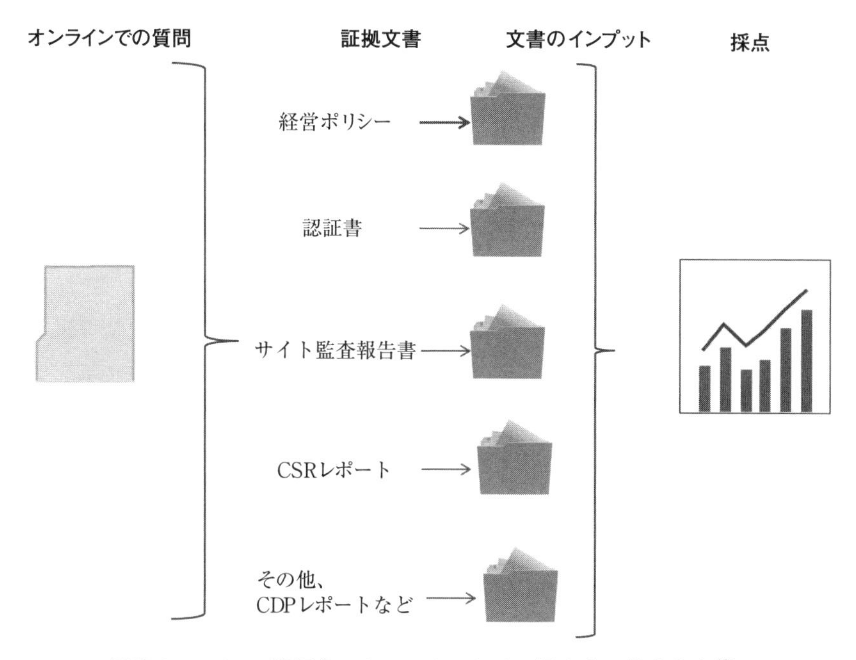

図表 3.4　CSR 評価ネットワークにおけて提出する社内文書 [6]

ステムに入力するが、裏付けとなるものを同時に登録しなければならない。

調査結果はサプライヤースコアカードにまとめられ、金、銀、銅などのクラス分けを含む全般的評価、ベンチマークとの比較、改善分野の優先順位付けなどがクライアントに報告される。

リコーは2014年にEco Vadis社によるサプライヤー向け調査において、最高ランクの「ゴールド」評価を取得した。下記は同社のプレス発表の概要である [7]。

株式会社リコーはEco Vadis社によるサステナビリティ調査において、最高ランクの「ゴールド」評価を取得しました。

Eco Vadis社は、99カ国、150業種に及ぶサプライヤー企業を対象に、「環境」、「社会(労働環境・人権等)」、「公正な事業活動」について企業の方針、施策、実績について評価を行っています。リコーは、この調査において対象企業全体の中で上位10%以内に入るという高い評価を得ることができました。…(中略)…リコーでも多くのグローバル商談の中でサステナビリティの取組み内容を問われており、Eco Vadis社の評価の提示を求められる事例も少なくありません。

(出典)リコー："Eco Vadis社によるサプライヤー向け調査において、最高ランクの「ゴールド」評価を取得"、「日本－リコーグループ企業・IRサイト」、2014年10月7日。

一方、SedexはCSRに関するサプライチェーンデータを管理・共有するプラットフォームを提供するイギリスのNGOである。SedexもCSRイシュー全般を対象とする。サプライヤーアンケートを実施し、その回答や監査結果を会員間で共有できるようにすることで、サプライヤー及び調達側双方の負担を軽減する。Eco Vadisと違いサプライヤー企業の評価は行わない。評価はSedexから得られた情報などを元に調達企業が自ら行うことになる。データの閲覧のみをするA会員。サプライヤーのデータの閲覧とともに自社のデータの入力・共有をするAB会員。自社データを入力・共有のみを行うB会員と三種類の会員タイプがある。

(2)　サプライチェーン中の労働者一人ひとりと直接つながりながら管理

スマートフォンのアプリを利用し生産者から消費者までバリューチェーンの中にいる一人ひとりにブルーナンバーと呼ばれるIDを発行し、それを通じて全体の見える化と管理を可能にするサービスを展開しているのがアメリカのブルーナンバー社である(図表3.5)。アプリという簡便なツールを使っているためさまざまな用途に拡張することもできる。

サプライチェーンに関しても、現在、誰がどこで何を生産しているのか、誰と取引関係があるのかなどの情報に加え、地図上でそれらの情報を一覧できる(図表3.6)ため、社会・環境リスク情報を重ねることで個別の個人生産者・労働者単位での対応も可能である。

3.2.9　マルチステークホルダー・グリーバンスシステム

実際に人権侵害が確認された場合、救済の提供、もしくはサプライヤーによ

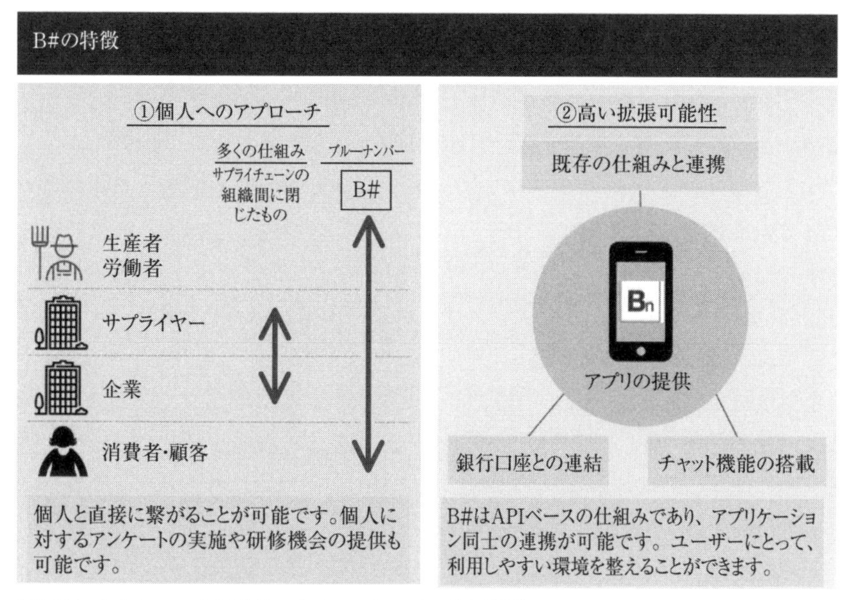

（出典）日本トレース合同会社：「ブルーナンバー概要説明」。

図表 3.5　スマートフォンのアプリを利用したブルーナンバーのシステム

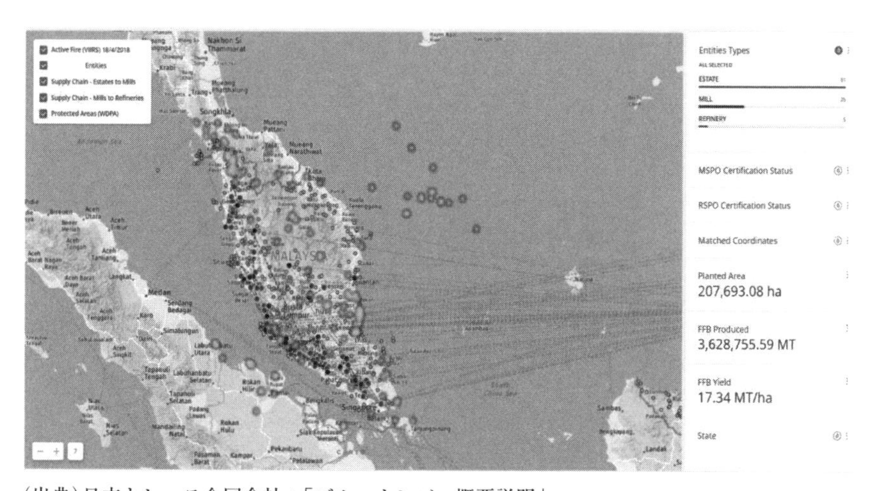

（出典）日本トレース合同会社：「ブルーナンバー概要説明」。

図表 3.6　ブルーナンバーの画面

る救済への協力が求められる。救済の前提として非常に重要になるのが実効性あるグリーバンスシステム（苦情処理メカニズム）」の存在である。グリーバンスシステムを通じて労働者やその他のステークホルダーは実際に起こっている問題や潜在的な問題を提起することができる。

OECDガイダンスはグリーバンスシステムが実効性を確保するための基準として中立性、信頼性、アクセサビリティなどを規定している。実効性を担保する形態として特にマルチステークホルダーイニシアティブ（MSIs：Multi-Stakeholder Initiatives）に基づくグリーバンスシステム（MSIグリーバンスメカニズム）を強く推奨している。

企業が自ら実施する、ないし専門サービス会社に委託するグリーバンスシステムに比べるとMSIグリーバンスシステムは複数の機能を果たすことができる。

- NGOの関与自体による抑止効果
- 救済実現のプロセスの提供
- 調停機能

である。グリーバンスシステムを通じて提起された問題が根拠のある正当なものであるか、正当であった場合の必要な救済策と規模。こういった問題に当事者間だけで合意できるとは限らない。合意できない場合、第三者による調停が必要になるが、NGOなど第三者の参画がしかるべく設計されたMSIグリーバンスシステムであれば、調停機能を担うこともできる。ステークホルダーから信頼される中立性を有するNGOが参画ないし主宰するMSIグリーバンスシステムは今後活用が進んでいくと考えられる。また、国内においても外国人技能実習生の人権保護にMSIグリーバンスシステムの活用が進むことも期待される。

なお、デューデリジェンスの開示については別途第6章でより広い情報開示の文脈の中で取り扱う。

3.3　イギリス現代奴隷法

イギリスは人権に関するサプライチェーン規制を2015年3月に現代奴隷法

(Modern Slavery Act 2015)として最初に整備した国である。現代奴隷法は、フランス、オーストラリアがそれに続くなど各国の取組みのトリガーともなった。国際的な任意規範が国内法によって強制的規範に転換されていく事例でもある。現代奴隷法の対象企業はイギリス企業またはイギリス内で事業活動を行う外国企業のうち、年間売上が3,600万ポンド以上の企業であり、イギリスに子会社を持つ多くの日本企業が対象となっている。サプライチェーンにおける奴隷労働に関する「奴隷と人身取引声明」を毎年報告する義務が課せられている。要記載事項は以下のとおりである。

- 組織の構造
- 事業内容及びサプライチェーン
- 奴隷と人身売買の防止に関する方針
- 事業とサプライチェーンにおける奴隷と人身売買の防止に関するデューデリジェンス
- 奴隷と人身売買が行われるリスクのある事業とサプライチェーン、リスク評価、管理
- パフォーマンス指標、奴隷と人身売買の防止の有効性
- 奴隷と人身売買の防止に関するスタッフのトレーニング

さらに、2017年に同法の実施ガイダンスを改訂し、新たに「サプライチェーン等の透明性：実践ガイド(Transparency in Supply Chains etc. A practical guide)」を発表。イギリス現代奴隷法のもとで義務を負っていない売上高3,600万ポンド未満の企業に自発的な「奴隷と人身取引声明」報告を推奨するなど内容を強化している。

3.4 ブロックチェーン革命とサプライチェーン・マネジメント

3.4.1 ブロックチェーン技術の活用

ブロックチェーンは仮想通貨と一体視されることがある。確かに仮想通貨はブロックチェーンなしには成り立たない。しかし、ブロックチェーンの活用範囲は仮想通貨をはるかに超えており、現に仮想通貨以外のさまざまな用途に使われている。このため仮想通貨に使われる技術を「ブロックチェーン」と呼

び、それ以外の一般的文脈では「ブロックチェーン技術」と呼び分けられることが多い。以下本書でも「ブロックチェーン技術」という用語を使うことにする。OECDはCSRの文脈におけるブロックチェーン技術の応用に強い関心を寄せ次のように述べている[9]。

> 根本論でいえば、ブロックチェーン技術は…(中略)…従来、相互に信用することがなかったであろう当事者が、それぞれ相手を信用することを可能にするものである。

「相互に信用することがなかった」調達企業とサプライヤーもトムとジェリーも「相手を信用する」ことができるようになる(より正確にいえば信頼している「かのように」情報を共有することを可能にする)技術ということである。

「具体的には、分散台帳に情報を保存し、その情報の真正性を暗号によって確認する。その暗号は基本的に中心になる運営者が作成するものではなく、事前にメンバー間でネットワークのプロトコルを通じて合意されたものである」。その結果、「信用の必要性をなくし、データや価値の安全な移転を可能にするもの」としている。通常 信頼に足る媒介者(例えば銀行)をハブとし金銭や情報をやりとりするのであるが、その信用を分散台帳技術とネットワークプロトコルに埋め込まれた暗号によって代替する。買い手企業とサプライヤーの間でも改ざんの可能性がないため情報の共用が可能になる。

デューデリジェンスの出発点はサプライヤーの労働者の賃金や労働時間など種々のデータを正確に把握することにある。ブロックチェーン技術の分散台帳は、サプライチェーン管理に応用された場合、サプライチェーンに属するすべての企業や組織が同じ台帳を持ち、その台帳はすべて同期してアップデートされていく。一旦インプットされた情報を後になって改訂することは技術的に不可能である。

例えば、製造の進行と労働者の労働時間がリアルタイムで分散台帳に自動的に(=人の恣意が入る余地なく)入力されていけば、事後的改ざんが不可能である以上、サプライチェーン管理の透明性は非常に高くなるだろう。それ以外にもさまざまな用途が開発されつつある。いくつか事例を紹介する。

3.4.2 ブロックチェーン技術を活用したサプライチェーン管理事例

ウォルマートの豚肉サプライチェーン管理 [10]

ウォルマートは中国の豚肉サプライチェーンの安全性確保の観点からブロックチェーン技術を使った実証実験を2017年に開始した。養豚農家、労働者やその他の豚肉生産に携わる人々がスマホからデータをリアルタイムでブロックチェーン技術の分散台帳にインプットする。すべてのデータが数分でアクセス可能になる。安全性のみならず、ボトルネックの発見、フードウェイストの削減にも貢献する。食糧トレーサビリティの新しいモデルである。

花王のパーム油サプライチェーン管理 [11]

花王はパーム油のサプライチェーン管理にブロックチェーン技術の活用を開始する。2019年内にブロックチェーンでパーム油の調達を管理するシステムを導入し生産者不明なパーム油が生産チェーンに紛れ込まないようにする。山奥のサプライヤー訪問の必要性がなくなり、サーバー管理コストも低減するなどコスト面でもメリットが大きい。

コカ・コーラによるスマートコントラクトの試み

コカ・コーラはアメリカ国務省と協力してサトウキビ栽培における強制労働排除と労働者の権利擁護のためにブロックチェーン技術を活用して労働契約を結ぶ「スマートコントラクト」を推進している。スマートコントラクトでは契約の条件確認や履行まで自動的に実行される。取引プロセス全体を自動化できるため、決済期間の短縮や不正防止が可能になる。また、労働者と直接契約を行えば仲介者が不要になり奴隷労働排除にも貢献するなどさまざまな効果が期待できる。

3.5　外国人技能実習生問題

3.5.1　外国人技能実習生制度の構造

外国人技能実習生制度は、発展途上国への技能の移転を図り、経済発展を担う「人づくり」に協力することを目的とする制度である。日本は外国人技能実習生を2018年時点で約30万8000人を受け入れている。国際貢献策である制度が日本企業の最大の人権リスクとなっている現状は大変残念である。運用を制度本来の趣旨にかなったものとすることは政府のみならず日本産業にとっての喫緊の課題である。

外国人技能実習制度には大別すると企業単独型と団体監理型がある。

企業単独型は、日本の企業が自社の海外現地法人や合弁企業、取引先企業などから実習生を直接受け入れる。典型的には海外工場の従業員が技能向上のために日本の工場で実習を受けるといった場合に使われる。一種の社内実習に近い。他方、問題が指摘されるのは団体監理型である。団体監理型は複雑で複数の組織が関与する(図表3.7)。

日本で技能実習を受けようとする外国人(仮にA氏とする)からみると流れ

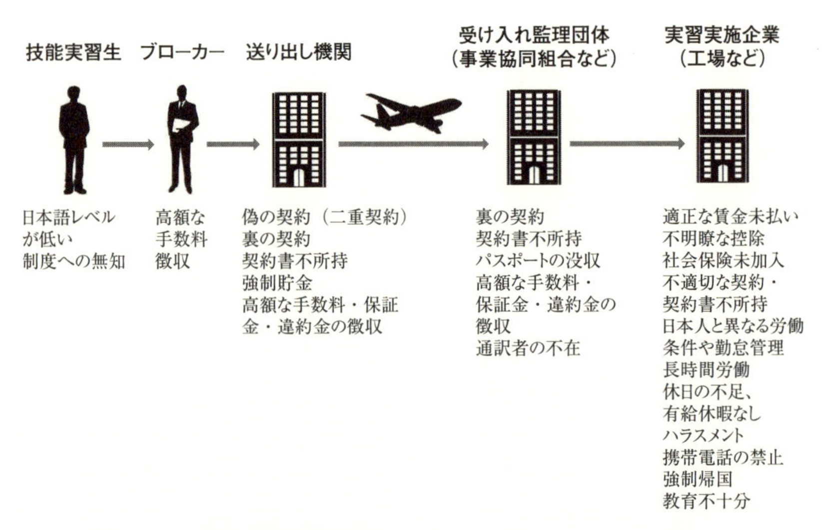

図表3.7　外国人技能実習生制度に関与する多様な主体と人権リスク

は次のようになる。

まず、住んでいる国の「送り出し機関」に出向き、日本での技能実習に応募する。送り出し機関はA氏に適正があると判断すればA氏を日本の「監理機関」と呼ばれる受け入れ機関に紹介する。その際、A氏から手数料を徴収することが一般的である。送り出しには事務費用がかかるため手数料の徴収自体は違法ではないが、ときに「保証金」などと称し法外な金額が求められ、実習志願者は借金をして払わざるを得ないような状況が発生する。また、送り出し機関の前に怪しげなブローカーが介在し、ブローカーによる高額な手数料徴収がなされることもある。このような場合、日本での技能実習で理不尽なことがあっても借金返済のために実習を継続せざるを得ず、国際的には強制労働の一形態である債務労働とみなされる。

なお、電気電子産業に加えて広範な産業の企業が参加しているRBA（Responsible Business Alliance）の行動規範では、

「労働者は、雇用者または代理人の就職斡旋手数料または雇用にかかわるその他手数料を支払う必要はないものとします。労働者がこうした手数料を支払ったことが判明した場合は、その手数用は当該労働者に返金されるものとします」

としており、実習の実態を考えれば、送り出し機関への手数料支払いは実習実施企業が負担すべきものとも読める。

なお、2016年に新法「外国人の技能実習の適切な実施及び技能実習生の保護に関する法律」が制定され、広範な制度改正が行われた。その中で送り出し機関にかかる問題を解消するため、政府間の取り決めにより送り出し機関の認定制が導入さている。話をA氏に戻すと、次に日本の受け入れ監理団体はA氏の実習先企業を探す。仮にB社が合意したとすればA氏はB社で実習を受けることになる。新法の規定に基づきB社は先立って技能実習実施計画を策定し関係省庁の認定を受けていなければならず、実習はその計画に沿って行われなければならない。また、B社は監理機関（受け入れ機関）に紹介手数料を支払う。

紹介手数料目当てに、斡旋業化する監理機関が出てきたことから新法によって監理機関に主務大臣の許可制が導入された。実習先企業が実習生からのパス

ポートの取り上げるなどの問題が指摘されてきたが、法改正で技能実習の強制、違約金設定、パスポートの取り上げなども禁止された。

国会で上記新法がしかるべく運用されているか否かが与野党間の争点となったことも手伝ってか近時関係当局は法を厳格に適用する動きを見せている。2019年1月大手製造企業を含む4社が技能実習の認定の取り消しを受けた。実習計画と異なる作業をさせたことなどが理由である。実習生を派遣した監理団体についても調査を受けている。実習生を労働力の需給調整に用いることは法律で禁じられているが、同監理団体は派遣先の企業側に「実際は労働力を補うため、ご活用いただいている」と説明していたという[12]。

3.5.2　MSIグリーバンスメカニズム

外国人技能実習を実施している企業から調達している企業の立場に立つと問題の複雑さがよくわかる。サプライヤーが技能実習を適切に実施しているかどうかは監査やモニタリングを通じて確認することになるが、異国での実習生の立場は弱く、かつ言語の問題もあり人権侵害にあたる行為があってもなかなか声をあげられない。OECDは公平性透明性などの観点からMSIグリーバンスシステムを推奨しており、日本でもマルチセクターNGOプラットフォームであるASSC(The Global Alliance for Sustainable Supply Chain)が国内技能実習生向けのMSIグリーバンスメカニズムのサービスの提供を始めた。このようなイニシアティブの利用が進み、官民一体の努力で技能実習生制度の実態の改善につながっていくことを期待したい。

3.5.3　アディダスジャパンの挑戦

外国人技能実習生制度の難しさの1つは、潜在的リスクが実習生を受け入れているサプライヤー以外の組織、送り出し機関と監理機関(受け入れ機関)などにもあることである。さきに見たとおりRBAの行動規範は斡旋料を労働者負担にしないと定めている。例えばアップルは2015年から斡旋手数料を外国人契約労働者に対して請求することを禁止している。同社はこのような手数料を3万5000人以上の外国人契約労働者に払い戻し、その総額は2008年以降30億円に及んでいると報告している。

日本の外国人技能実習生制度の場合、債務労働の主な原因の１つは過大な手数料を徴収する海外の送り出し機関にあり、行動規範を守るためには送り出し機関の実態把握が欠かせない。また、斡旋手数料目当てに制度の趣旨から逸脱した一部監理機関も同様に問題である。しかし、送り出し機関も監理機関も調達企業と接点がなく、影響力の行使が難しい。

その問題に正面から向き合ったアディダスジャパンの先進的な取組みを紹介したい。「繊維ニュース」は「“ゼロ・ハイアリング・フィー”を目指して」と題して、アディダスジャパンの取組みを取り上げた[13]。ときに「門前払い」されながらも送り出し機関、受け入れ機関と対話を通じてねばり強く適切な協力関係を構築していこうとする姿を伝えている。以下同社の奈良朋美氏のコメント中心に記事のポイントを要約する。

- アディダスジャパンが技能実習生問題に取り組んだ理由は日本で一番のリスクのため。
- アディダスグループは2017年から「現代奴隷アウトリーチプログラム」を実施しており、日本では実質的に移民労働者として働いている技能実習生がこれにあたる。
- アディダスジャパンは契約関係にある工場だけではなく、受け入れ機関や送り出し機関などにも協力を呼びかけている。門前払いされることもあるが、できるだけ多くの関連機関と同じ価値観を共有し、立ち向かっていかなければならない。
- 外国人技能実習生のゼロ・ハイアリング・フィーを含め、長期的な歩みになることは必至なため社内での啓蒙活動も重視している。
- インダストリーリーダーとして、短距離の100メートル走ではなく着実に進むマラソンのように取り組んでいきたい。

一般にサプライチェーンの人権問題と言えば発展途上国の問題だと思いがちである。しかし、現実は必ずしもさにあらず。灯台下暗しである。

3.6 ESGにおける「弱いS」問題

3.6.1 薄れる記憶

法律の制定やさまざまなイニシアティブの進展にもかかわらず実態面でサプライチェーンに関する労働者の人権侵害問題への対応が順調に進んでいるかといえば決してそうではない。気候変動問題やプラスチック問題への対処に比べて労働者の人権問題の実質的前進は残念ながら限定的である。ラギー教授は「ESG」における「最も弱いS」問題として次のような指摘をしている[14]。

- 評価機関間の評価に整合性がない。同じ企業でも評価機関によって評価がまちまちになる。その度合いが環境やガバナンスの度合いに比べて高い。
- 企業の評価が投資につながっていない。企業の環境評価の97%が評価結果の提供先の中心が投資家であるに対して、投資家向けの企業の社会評価はわずか14%。
- 企業が実際に及ぼしている影響を評価していない。企業の社会面評価の92%は方針の策定など「努力」の測定であり、社会への影響を評価しているのは8%にすぎない。

2013年4月バングラディッシュの首都ダッカ近郊にあった商業ビル「ラナ・プラザ」が崩落し、1000人を超える犠牲者を出した。このビルは各階で縫製が行われている立体繊維工場であり、ビルに入っていた工場の多くは欧米の一流ブランドの下請け企業であったことから世界的に報道された。確かに、事故ののち、ブランド企業はバングラディッシュの下請け企業の労働環境改善のための協定や仕組みをつくり、監査や改善などの措置を講じた。ウォルト・ディズニーのようにバングラディッシュのサプライヤーの使用を禁止した企業もある[15]。しかし、多くの企業にとってこの惨劇の記憶は既に薄れてしまっている。筆者は2006年に『グローバルCSR調達－サプライチェーン・マネジメントと企業の社会的責任』(日科技連出版社)を上梓した[16]。日本においてサステナブルなサプライチェーンに焦点を当てた最初の出版であったが、この本において取り上げた課題はまだ大半が課題のままである。

サステナビリティを考える際、環境問題と人権問題の歩みの速度の違いは徐々にでも克服しなければならない。ラギー教授は、ESG投資の力を活用しながらSを強めていくことを強調し、企業の評価手法や人権概念の一層の精緻化などの重要性を指摘している[14]。

(1) EUの「S」強化政策

EUもESGにおける「S」の強化に強い関心を示している。サステナブルファイナンスに関するハイレベル専門家会合の報告には次のような提言が含まれている。

- 社会的企業の基準となる「ソーシャルラベル」の開発
- ソーシャルインパクトボンドの普及
- ESGリスクアセスメントにおける社会ファクターのアセスメント強化。
- 「社会ファクター」及び「社会リスク」についての定義の統一。

さらに、後の第5章で取り上げるタクソノミーフレームワーク規制案において、ある事業を環境改善に実質的に貢献すると認定する際、国連人権指導原則の遵守(デューデリジェンスの実施)が前提条件(ミニマムセーフガード)として規定されている。人権デューデリジェンスを実施していない企業はいかに環境改善に貢献する製品・サービスを提供しても上記の規制上認定されないことになる。このような環境と人権の政策的「抱き合わせ」は「S」強化に向けって1つの方向性であろう。

(2) アラベスク(arabesque)による人権スコアの開発

イギリスのアラベスク・アセット・マネジメント社は、ビッグデータとAIによる機械学習を組み合わせ、200を超えるESG測定基準を20言語にわたる5万以上の情報ソースから体系化し、「S-RAY」と呼ばれる企業のESG評価ツールを提供している[17][18]。同社はスウェーデン公的年金基金と協力し、5000社以上を対象に国連人権指導原則に基づく「UNGPスコア」を開発発表するとしている。

国連人権指導原則に基づく企業レーティングとしては初めての試みとなる。

このような取組みも相まってESGの「弱いリンク」である社会面とりわけ人権面における企業の取組みが進んでいくことが期待される。

3.6.2　新NAFTAの影響

(1)　新しいコンプライアンスイシュー

通商政策に起因してサプライチェーンに関する新しい問題が浮上している。2018年、アメリカ、カナダ、メキシコの3カ国首脳はNAFTA(North American Free Trade Agreement：北米自由貿易協定)の改訂条約(新しい条約の正式名称はUSMCA：United States–Mexico–Canada Agreement：アメリカ・メキシコ・カナダ協定)に署名した。

大雑把に分ければ、国際通商スキームにはWTO協定(World Trade Organization：世界貿易機関)とFTA(Free Trade Agreement 自由貿易協定)の2つがある。FTAには二国間のものもあれば新NAFTAのように数各国が参加するものもある。WTOルールのもとでの貿易とFTAのもとで行われる貿易には1つ根本的違いがある。「原産国」を特定する必要の有無である。WTOルールに基づく貿易ではどの国の製品であっても同じ製品であれば同じ関税が適用される(ある国に低い関税を適用した場合、その他すべての国にも同じ低い関税率を適用しなければならない。いわゆる「最恵国待遇原則」)。

例えばEUにパソコンを輸出する場合、日本製だろうが中国製だろうがカナダ製であろうが、輸入関税率は同じである。もし日本製に対する関税率を下げようとすれば同時に他国製の関税率も同じように下げなければならない。したがって、EU税関当局は、製品の原産国に関心を持たないし、実際に問うこともしない。

他方、自由貿易協定、例えば日本とメキシコの自由貿易協定を例にとれば、メキシコは日本製だけに低い関税率を設定する。対象はあくまで「日本製」と特定された製品だけである。したがってメキシコにパソコンを輸出する際には日本製か否かが決定的に重要となる。実は大半をベトナムで製造しながら偽って「日本製」として申告すれば関税を不法に回避することになる。そのため、輸出する会社は厳密に日本製であると証明しなければならない。この日本製の証明作業は原産地証明と呼ばれるが、必ずしも簡単ではない。部品から何から何まで全部日本製であれば簡単であるが、今日そのような「純日本製」は稀である。原産地の証明のためには付加価値がどの国でどの程度ついたのかなど自社製品のサプライチェーンについてのデータが必要である。日EU経済連携協定も発効し、今後EU当局による日本企業の原産地証明に関する検認が本格化していくとみられる。FTAルールへのコンプライアンスはサプライチェーン・マネジメントの新しいファクターとなることは間違いない。

(2)「公正貿易」と「公正賃金」

新NAFTAの影響はそれに留まらない。ESGのSにも影響が及ぶ。「公正賃金」は労働者の人権問題の中でも難しい論点である。新NAFTAの交渉の1つの焦点がこの賃金問題であった。アメリカとカナダはメキシコの「不当に安い」賃金で製造された自動車がアメリカ人の職を奪っていると主張した。

交渉の結果、「最低賃金16ドル」規定が新協定に含まれた。このことが世界の産業界にショックを与えた。通商条約にはじめて具体的な賃金水準が規定されたのである。アメリカ、メキシコ、カナダの3カ国は自動車の40～45%を時間あたり賃金が最低16ドルの労働者によって組立てられることで合意した。守られない場合は関税免除の対象から外される。

サプライチェーンの労働者の賃金の「適正水準」が政治的に決められたことの影響は過小評価すべきではない。WTOにおける包括的関税引下げ交渉(「ドーハ・ディベロップメントラウンド」)は2008年の合意失敗の後、事実上「自然死」した。各国の通商政策はFTA重視に傾斜し、今や多種多様なFTAが世界中の国・地域を覆っている(通商の世界ではこの状況を「スパゲティ・ボール現象」と呼ぶ)。将来、仮に賃金に関する規定が他のFTAにも採用されていくとすれば経済社会への影響は小さくないだろう。

サプライチェーンは今後、人権、環境、安全保障、通商など多様な政策分野のクロス領域となっていく。企業側もサプライチェーンに関する包括的かつ戦略的なアプローチを検討する時期に来ている。

3.6.3　変化する「常識」

CSR元年の2003年当時、調達企業は「他社」であるサプライヤーの行為にまで責任を持てないという認識が日本の産業界の「常識」であった。しかし状況は大きく変化した。今やどの企業も調達企業としての責任を否定しない。

このような変化は資本主義の歴史で幾度も起こってきたことである。児童労働は産業革命当時のイギリスでは日常的風景で誰ももとがめだてしなかった。しかし、次第に批判が高まり労働関係法令が導入されていった。昭和の日本では超過勤務100時間は当たり前のことだった。しかし、もはやそのような状況は許容されない。貧しい発展途上国の労働者が劣悪な労働環境で働くことも同様である。「貧しい国なのだから仕方ない」などと公言すれば企業の社会的自殺に等しい。

自社の工場についてだけではなく、サプライチェーン全体で人権侵害を許容してはならず、もし侵害の事実があれば責任の一端が調達側会社にも問われ得る。これが政府も企業も社会も受け入れている今日的常識である。資本主義はそのときどきの社会の要請を受け入れ、自己変容をしながら今日に至ってきた。この歩みが止まることはない。

第3章の参考文献

[1] 「お金、ミレニアル世代、そして人権」、2018年9月東商ホール、ラギー教授講演資料。

[2] OECD：*OECD Due Diligence guidance for responsible Business Conduct*, 2018.

[3] OECD：*OECD Due Diligence Guidance for Responsible Supply Chains in The Garment and Footwear Sector*, 2017.

[4] BetterWork HP(2019年4月24日アクセス)
https://betterwork.org/

[5] アシックス：『2015年度サステナビリティレポート』。
https://assets.asics.com/page_types/2744/files/asics_sustainability_report_jp_201607_original.pdf?1467864245

[6] EcoVadis :"EcoVadis CSR Methodology Overview and Principles", EcoVadisHP
https://www.ecovadis.com/

[7] リコー："EcoVadis社によるサプライヤー向け調査において、最高ランクの「ゴールド」評価を取得"、「日本－リコーグループ企業・IRサイト」、2014年10月7日。
https://jp.ricoh.com/info/2018/1115_2.html

[8] 日本トレース合同会社：「ブルーナンバー概要説明」。

[9] OECD：OECD Blockchain Primer
https://www.oecd.org/finance/OECD-Blockchain-Primer.pdf

[10] Giulio Prisco："Walmart Testing Blockchain Technology for Supply Chain

Management", *Bitcoin Magazine*, Dec. 21, 2016.
https://bitcoinmagazine.com/articles/walmart-testing-blockchain-technology-for-supply-chain-management/
[11] 「東南アのパーム油生産、IT 導入 財閥や日欧企業、劣悪な労働集約型を改善」、『日本経済新聞 電子版』、2019 年２月８日。
https://www.nikkei.com/article/DGXMZO41102570Y9A200C1FFE000/
[12] 「技能実習、認定取り消し 三菱自・パナ 法務省、受け入れ５年認めず」、『朝日新聞デジタル』、2019 年１月 26 日。
[13] 「"ゼロ・ハイアリング・フィー" を目指して～アディダス「現代奴隷アウトリーチプログラム」～」、『繊維ニュース』、2018 年 08 月 24 日。
http://www.sen-i-news.co.jp/seninews/viewArticle.do?data.articleId=333548&data.newskey=daee8346b874399ce6ffb2565b3c4894&data.offset=0
[14] John G. Ruggies, Emily K. Middleton："Money, Millennials and Human Rights – Sustaining "Sustainable Investment", Working paper No.69, June2018, Harvard Kennedy school, Mossaver-Rahmani center for business and government.
https://www.hks.harvard.edu/sites/default/files/centers/mrcbg/working.papers/CRI69_FINAL.pdf#search=%27Money%2C+Millennials+and+Human+Rights%3A+Sustaining+%E2%80%9CSustainable+Investment%E2%80%9D%27
[15] 冨田秀実：『ESG 投資時代の持続可能な調達 』、日経 BP 社、2018 年、p.18。
[16] 藤井敏彦、海野みづえ 編著：『グローバル CSR 調達－サプライチェーン・マネジメントと企業の社会的責任』、日科技連出版社、2006 年。
[17] アラベスク社 HP
https://arabesque.com/s-ray/
[18] サステナブルジャパンニュースサイト
https://sustinablejapan/2018/10/08/ap1-s-ray/34848

第4章
サステナビリティとファイナンス

4.1　SRIとトリプルボトムライン

4.1.1　SRIとは何だったのか

SRI(社会的責任投資)は、主に企業の社会的責任に関心のある投資家を対象にしたファンドの形態をとった。株や社債が組み入れられる銘柄(会社)は一定の基準で選定される。株価が上がる可能性や安定性といった通常のファンドが採用する基準に加えて、環境に優しいか、社会的問題にきちんと向き合っているか、といった企業の社会的責任の要素が投資対象選定基準に加わる。

企業の社会性の評価自体が新しい試みであったため、ファンド・マネージャーに情報提供をする専門の調査サービスも登場した。簡略版も存在する。タバコや武器など一定の事業を行っている会社を投資銘柄から除く排除型スクリーニングである。このようなタイプを「ネガティブスクリーニング」といい、一社一社、環境や社会面の取組みを評価したうえで投資銘柄を決める手法を「ポジティブスクリーニング」という。

社会変革への貢献が期待されたのはポジティブスクリーニングを行うSRIであることについては、広範なコンセンサスがあった。

しかしSRIの規模の大きさが語られた際、多くの場合ネガティブスクリーニングのSRIが含められており、かつネガティブスクリーニングが大きな割合を占めていた。

4.1.2　トリプルボトムライン

SRIが掲げた理念は「トリプルボトムライン」。「ボトムライン」とは一般には企業の最終的な利益のことをさす。ただ、トリプルボトムラインの3つの「ボトムライン」とは「財務」のボトムラインに加え「環境」と「社会」に関する改善への貢献を財務とは別のボトムラインとして考える。企業の事業活動の評価をこの3つのボトムラインの総和で行おうという考えがトリプルボトムラインである。手法の開発のためさまざまな努力が払われた。2007年にはイギリス政府とスコットランド政府がSROI(Social Return on Investment)プロジェクトを立ち上げた。事業への投資の社会的インパクトを評価し、さらに貨幣価値化する。投資に対する社会的成果の比率がSROI(社会投資収益率)として計算される。

金銭的な運用成果は3つのボトムラインの1つでしかない。したがって、SRI投資信託にお金を投じようとする投資家は、環境や社会の改善に一役買いたいという気持でそうする。金銭的運用成果については一定程度抑制的期待を持っている投資家の存在がSRIの前提であった。確かにそのような投資家は存在したが、その絶対数は限られており、ヨーロッパのあるSRIファンドのマネジャーはやや自嘲気味にSRIを「永遠のニッチ」と表現した。理念的純粋さを初発の力としたが、拡大のステージにつなげることは容易ではなかった。次第にSRIは変質していく。

ある会合でエコファンドのマネジャーがファンドのパフォーマンスが思わしくないことについて、「IT企業に主に投資したがIT不況の影響で運用成果があがらず申し訳なく思っている」と述べた。

事実はそのとおりだったのだが、不思議なことは、環境への貢献を謳って投資家を募ったにもかかわらず環境については何も語られなかったことである。例えば「株価は残念ながらあまり振るいません。しかし、皆さまの投資のおかげでこれだけ環境にプラスになっているのです」と。語るべきものが専ら株価であるならば一般的な投資信託とエコファンドは銘柄選択の技術的差異に収斂してしまう。評価基準は運用成果のみという考えがいつしか一般的となり、トリプルボトムラインという理念は静かに放棄されていった。

4.1.3　インパクト投資とは何者か

他方、投資によって環境や社会に良い影響を与えるという理念が見向きもされなくなったわけではない。トリプルボトムラインの理念が「インパクト投資」として復活する兆候がある。インパクト投資はSRIの1つの手法的問題点を克服している。

先に株価のパフォーマンスが思わしくないときになぜ環境面の成果に言及しないのか疑問に思ったと述べた。実はSRIのスキームでは「環境面での成果」は計測不能なのである。SRIは投資対象企業を選定する際にその企業の環境面での取組みをチェックする。しかし、SRI投資ファンドに組み入れられて実際にその会社の株や社債に投資家の資金が流れても、その投資のゆえに環境にどのようなインパクトがあったか、事後的な検証はできない。

インパクト投資はこの点を乗り越えた。つまり、資金の使途を限定することによって投資が環境や社会に与えている実際の「インパクト」を投資家に示す。ただ、同時にプロジェクトファイナンスとも違う。償還資金責任は会社にあり、特定のプロジェクトからの収益には依存しない。プロジェクトファイナンスとコーポレートファイナンスのハイブリッドといえる。少なくとも投資家は自らが投じた資金が現実にどのようなインパクトを与えたかを知ることができる。それは財務的成果とは別のボトムラインとして機能する。

債権の分野ではグリーンボンドが1つの例である。環境保護に好ましい事業(あくまで「事業」であり、環境にやさしい「企業」ではない)に資金提供するための金融手法である。国際資本市場協会が「グリーンボンド原則」を策定しており、資金使途、プロジェクトの評価と選定、調達した資金の管理、そして報告がグリーンボンドの要件とされている。

さらに、用途をグリーンに加え「社会」まで広げ「環境・社会」限定のサステナビリティボンドも発行されはじめた。日本の事業会社で先鞭をつけたのはアシックスである[2]。

アシックスは2019年3月、調達した資金の使い道を環境配慮と社会課題への対応に限定する新しいタイプの社債「サステナビリティボンド」を発行する。年限は5年で発行額は最大200億円。国際資本協会(ICMA)が示しているガイドラインを踏まえ、格付投資情報センターが認証する。アシックスは調達した資金を義足装着者向けのスポーツシューズや製造工程の省力化技術の開発などに活用する。介護予防施設の開設などへの多角化も進める。サステナビリティボンドの発行はヨーロッパやアジア企業が先行しており、ICMAの認証を受けた企業は約50社。日本では環境配慮に資金用途を限る「グリーンボンド」を発行する企業が増えているが、これに社会貢献の要素も加えたサステナビリティボンドを発行した日本企業はこれまで日本政策投資銀行のみに留まる。国内の一般事業会社による発行は初めて。

（出典）「アシックス、「環境・社会貢献」限定の社債発行」、『日本経済新聞』、2019年2月22日

サステナビリティボンドはまだ規模は小さいながらトリプルボトムラインの理念を継承するSRIの進化形と考えてよいだろう。

4.2　ESG投資とは何か

4.2.1　投資ファンドから金融のあり方そのものへ

2015年、日本国民の年金基金を運用する世界最大の機関投資家であるGPIF（年金積立金管理運用独立行政法人）が国連責任投資原則（Principles for Responsible Investment：PRI）に署名、2017年にESG投資を開始したことは日本のESG投資の本格的幕開けとなった。

ESGとは、環境（Environment）、社会（Social）、ガバナンス（Governance）の頭文字をとったものである。

格付け機関のS＆Pが企業信用格付報告にESGセクションを追加する旨を発表するなどアメリカにおいてもESGは急速にメインストリーム化している。

ESG投資の特徴をSRIとの比較も交えながら整理していきたい。まずESGはSRIに比してきわめて形態が多様である。SRIは投資信託が中心であった。もちろん、ESG投資にもESGに優れた企業をスクリーニングして投資銘柄に組み込む投資信託は存在する。GPIFのESG運用はその典型例である。ESG投資信託は重要ではあるがあくまでESG投資の1形態である。銀行や保険会社による法人融資、商社によるプロジェクトファイナンスなどあらゆる形態のファイナンスをカバーするのがESGの大きな特徴である。

GPIFが参加した国連責任銀行原則（PRI）は金融機関の意思決定プロセスにESG課題、SDGsやパリ協定の定める社会的ゴールを反映させることを求めて

いる。対象は金融機関の投融資、運用に関するものも含めた意思決定の総体であって、特定の預かり資産の運用に限られた話ではない。PRI には 6 つの原則があるが、実際うち第一の原則は以下のように規定されている。金融機関の「ビジネス」全体がその対象である。

> SDGs、パリ協定、そのほか関連のある国・地域レベルのフレームワークにある個人のニーズや社会のゴール一般に一致し、その達成に貢献するビジネス戦略を策定します。特に私たちのビジネスがもっとも大きなインパクトを与える分野に注力します。（下線は筆者による）

三菱 UFJ フィナンシャルグループなど国内三大メガバンクグループはそろって石炭火力発電部門へのファイナンスを慎重に判断するとした。三井住友信託銀行、りそなホールディングスは石炭火力発電プロジェクトには原則取り組まないと発表している。このような金融機関の姿勢も ESG 考慮の 1 つの表れである。

ESG 投資は環境社会への貢献を謳う投資信託という範疇を超えて、金融機能全般に環境、社会、ガバナンスの考慮を組み込むことをめざす壮大な運動である。

4.2.2　シングルボトムラインへの回帰と ESG のメインストリーム化

ESG 投資信託は SRI と類似の形態をとる。SRI はトリプルボトムラインという原則的理念を次第に希釈化した。ESG 投資ファンドは出発時点から運用成果を唯一のボトムラインとする「シングルボトムライン型」である。この観点から両者はある意味で連続体とも取り得る。

ESG ファンドは、環境面で好インパクトを与えたことによる加点や社会面で負のインパクトを防止したからといって運用成果に関する情状の酌量はない。評価はあくまで運用成果がすべてである。では、環境、社会、ガバナンスという側面はどういう意味があるのか？　成果評価に関する限り従来型の投資ファンドと同じではないか？

答えの鍵は「時間軸」である。「長期」。長期であれば環境、社会、ガバナンスの点で秀でた会社はそうでない会社よりも安定し期待収益率は高い。これがESGのよって立つ考え方である。「長期」という時間軸をかませることによって、環境、社会、ガバナンスの要因はすべて金銭的リターンに反映されるとしたのだ。

この立論はさまざまなメリットを生んだ。最大のものは受託者責任(フュディシャリーデューティ)上の問題の迂回である。「年金基金などのアセットオーナーは、価値中立的に運用益を最大にしなければならない」というのが受託者責任である(なお、「アセットオーナー」という言葉はややミスリーディングであるが、この点については、「インベストメントチェーン」に関連して4.4.2項で説明する)。年金を将来受け取る人ができるだけ多額の年金を受け取れるようにするのが責務である。仮に年金基金の担当役員が環境主義者であったとしても、自分の信条に基づき環境対策に優れた企業への投資を優先することは許されない。社会活動に熱心であっても社会課題に一生懸命取り組んでいる会社なのだから財務パフォーマンスの見込みの悪さには多少目をつぶって、などということも許されない。

しかし、「長期的に」運用収益の最大化に資するとなれば話は別である。むしろESGを考慮することこそ受託者責任を果たしているということになる。非常にストレートな物言いをすれば「ESGの考慮は環境や社会のためではなく(結果的にためになるかもしれないがそれはとりあえず形としては関知するところではなく)一にも二にも長期的な運用収益最大化のためである」ということになる。この価値中立的整理(割り切り)がESGファンドを大きな存在にした[3]。アムンディ・ジャパンは次のように述べている。

> もし国連が提唱した責任投資が、特定の価値(運用成果以外の価値※筆者注)の実現を目的とする、社会的責任投資の範疇に留まっていたのであれば、世界的に普及することはなかったかもしれません。
>
> しかし、国連責任投資原則は、ESGを考慮する動機を長期的な受益者の利益の最大化としています。持続可能性の観点から、ESG課題が企業及び投資のパフォーマンスに及ぼす影響があり、ESGを考慮すべきとした、ということです。このため、幅広い投資家の間で責任投資が支持され

ることになりました。

(出典)アムンディ・ジャパン編:『社会を変える投資 ESG 入門』、日本経済新聞出版社、2018 年。

なお、ESG のうち「G」(ガバナンス)という言葉はなかなか本質がつかみにくいのであるが、本書では「経営資源を配分し価値を生み出す過程で企業がステークホルダーに対して有するある種の「力」を統治する仕組み」というアムンディ・ジャパン編の『ESG 入門』の定義を使うことにする[3]。たしかに、「力」がむき出しに行使されないように制御する、それがガバナンスの本質であろう。どのような組織であれ自らの力を制御できない組織は暴走の危険を常にはらむ。

ESG 投資のメインストリーム化を強く印象付けたのがブラックロックの姿勢である。ブラックロックは運用資産約 600 兆円を誇る世界最大級の投資運用会社であるが、会長のラリー・フィンクは“To my fellow shareholders”と題した投資家への書簡の中でこのように述べている。

「市場やマスメディアにおける短期へのフォーカス(short-term focus)、つまり秒単位の動きと価格に目を奪われてしまっていること(obsession)は、不安をあおり賢い投資を妨げている。」

「我々の投資スチュアードシップグループは企業の長期的財務安定にとってマテリアルな問題について世界中の企業とエンゲージしてきた。過去数年そういった企業の CEO に送付した書簡では、長期的アプローチの重要性を強調した。2018 年の優先事項は(長期の)企業戦略、ガバナンス(取締役の多様性を含む)、気候リスクに関する開示、報酬、人材マネジメントの方針である。」

気候変動に関してブラックロックは 2017 年 12 月には気候変動リスクの大きい投資先企業約 120 社に対して気候関連財務情報開示タスクフォース(TCFD)報告書に沿う情報開示を要請している。

繰り返しになるが、長期で運用すれば ESG に優れた企業への投資のほうが成績は上がる、という考え方がメインストリーム化を支えている。

4.2.3　ESG 投資の課題

(1)　投資家の忍耐力

2018 年 12 月 4 日の『日本経済新聞』は「ESG 投資変調の兆し」と題する記事を掲載した[5]。ESG 投資の最大の推進力であったカリフォルニア州職員退職年金基金(カルパース)の方向転換の可能性について論じている。カルパースは運用資産 39 兆円を誇り、全資産の運用で ESG を配慮してきた。ESG 投資の旗振り役であった理事が ESG 反対の理事に交代することになったという報道である。反 ESG の新しい理事は投資収益が ESG によって抑えられ、退職者の年金生活を脅かしていると繰り返し指摘してきたそうである。記事は「世界全体の株高局面が遠ざかり、理念先行の投資よりもリターンが重視されるシナリオは考えられる」としている。

カルパースといえば社会や環境に配慮した資産運用の先駆的存在である。「投資収益が ESG によって抑えられ、退職者の年金生活を脅かしている」との指摘が現実を正しく述べているとすると、この問題は ESG 投資の評価はアセットオーナーが有する収益回収までの時間的な制約に依存することを示唆している。ESG 投資は「長期」という媒介項を立てることで投資収益と環境、社会、ガバナンスを融合したのだが、そもそも「長期」とはどのくらいの期間なのか？　アセットオーナーは何年待てば満足できる運用成果を手にできるのか。一般的には長期を 10 年程度と見る向きが多いが、ESG 投資が論じられる際に語られる「長期」はどのくらいの時間が想定されているのかは必ずしも明確ではない。投資して 5 年間財務的に悪化が続いても、10 年待てばという議論は可能だし、10 年でダメなら 15 年と、「長期」は伸縮する。これだけ社会の変化が早ければ 3 年でも十分長期だというオーナーもいるだろう。

後に取り上げる EU のサステナブルファイナンスに関する専門家会合の報告書は、そのレコメンデーションの 1 つとして、現状、金融機関のリスクアセスメントの対象期間は 2 〜 5 年先までであるが、これを「より長期」にすることを金融機関に義務づけるべきだと論じている。また、EU の取締役責務のガイドラインの見直しの提言の中では「すべての意思決定についてその可能性の高い長期的結果」について善良なる注意をもって考慮する責務を追加すべしとし、その「長期」を「3 年から 5 年を超える期間」としている。したがって、

EU の公式文書における「長期」とは概ね5年を超える期間が想定されていると考えてよいだろう。

ただ、この議論を止揚するには社会変化のスピードの見通しと投資対象の企業のビジネスモデル(ビジネスモデルであれば投資回収のための当然一定の時間的フレームワークがあるはずである)の関係を裏付けにするのが一番である。ESG 投資が企業のビジネスモデルを重視し、統合報告が求められる理由の1つにはここにある。後に見るように企業は長期を定義し開示することを求められている。

(2)　ESG とパフォーマンスの関係

長期の「長さ」の問題をひとまず置いておくとして、もう1つ留意すべき点は ESG 投資を巡る多くの優れた研究にもかかわらず環境、社会及びガバナンスに優れた企業がそうでない企業に比し長期的に優良な財務パフォーマンスを示すことは今日のところ客観的に実証されたとはいえないということである。さまざまな研究の結論は両論半ばしている[3]。

ESG がリターンに与える影響について、これまでも過去のデータに基づき分析がなされています。実務の世界では「ESG スコア(レーティング)」が多く用いられています。複数の調査会社やインデックス提供会社が、それぞれ一定の尺度で投資先企業の非財務情報を分析し、相対的な評価を集約して会社(銘柄)ごとに「ESG スコア」を発表しています。実証分析では、このスコアの強弱をポートフォリオの組み入れに反映させて投資した場合に、一体どれくらい株式市場全体のリターンよりもプラスが得られそうかという比較を行っています。(中略)株式市場は、さまざまな理由で上昇したり下落したりします。こうした市場全体の動きを取り除いたあとに、ESG スコアを考慮したことによる成果が認められるかどうか。結論から言うと、「プラス・アルファ」が得られるかどうかの結果はまちまちです。

(出典)アムンディ・ジャパン編：『社会を変える投資 ESG 入門』、日本経済新聞出版社、2018 年、p.135。

アムンディ・ジャパンは、さらにいくつかの研究成果について言及し、環境スコアとリターンとの関係は「一貫した関係を結論付けることはできません」、社会スコアとリターンの関係は「関係性を合理的に解釈することはできません」としている。また、ESGスコアとリターンの関係について日本株についてはプラスの関係が示されたものの、同じ手法を使うとアメリカ株やヨーロッパ株は反対にマイナスの関係になる研究成果も紹介している。ちなみに、アムンディは欧州最大の資産運用会社でESG投資の先頭を走る会社の1つである。

2019年1月、カリフォルニア州の大手電力会社PG&Eが破産法の適用を申請した。この一件もESG投資への懐疑の傍証として語られている[6]。

PG&E社はさまざまなCSR関係のランキングで1位や2位にランクインしており、ダウジョーンズのサステナビリティインデックスの常連でもあった。ESGの「スター」企業だったのだ。しかも同社の倒産の直接的原因が大気の乾燥による森林火災という気候変動に関する「E」ファクターであったことが問題を複雑化した。果たして環境リスクは適切に評価可能なのか。PG&Eの倒産をサステナビリティとプロフィタビリティ(収益性)の分離の始まりと捉える向きもある。

ESG投資は現状のところ一種の「暫定的な考え方」のうえに成り立っているといっても大きく間違ってはいないだろう。このことを私は否定的には捉えない。むしろ肯定的に捉えている。もちろんESGの要素と対象銘柄のパフォーマンスの相関関係、因果関係については引き続き専門的な研究が積み重ねられていくであろう。プラスの関係が確定的に実証される可能性はあるし、そう期待したい。しかし、ESG投資が一般の投資よりも高いパフォーマンスを示すかどうかは、温暖化等環境社会問題の行く末や企業、政府、NGOなどの社会をつくる組織や人々の「これから」の行動に多分に依存する。したがって、現時点から過去を振り返って明確な答えがでないのはある意味で当然ともいえる。

例えば、ESG投資のパフォーマンスがあがる理由としてよく引き合いに出されるのが将来の規制リスクである。将来厳しい環境規制が導入された場合、既に十分な環境対応をとっている企業は難なく規制をクリアできるだろうし、そうでない企業は事業上の困難に直面する可能性が高い。このことが企業業績に差を生む。確かにそうなのだが、逆にいえばESG考慮が財務パフォーマンスにつながるためには厳しい環境規制がどこかの時点で実際に導入されなければならない。つまりESG投資が高い運用成績を収めるには、一定の方向に社会が変化していくことが条件なのである。その条件が「長期的」には満たされるであろう、という前提を置いているという意味でESG投資のシングルボトムライン論は将来の社会のあり方についての見通しに立脚している。

したがって、大きくいえば、ESG投資家は、社会が制度や人々の認識・行動がサステナビリティを織り込みながらダイナミックに変化する、その可能性にかけて投資をするのである。いや、さらに一歩進んで自らがそのような社会を能動的に作り出せば投資リターンが上がることを理解し、自ら能動的に社会の変革をリードするESG投資機関も出てくるだろう。

4.2.4 市場の外部性をいかに縮小するか

⑴ 「仮説」の力

暫定的な考え方、つまり「仮説」は多くの人々に信じられた場合には実質的に「真実」として機能し社会を動かす。近年注目されている人類の大きな歴史「ビッグヒストリー」で使われる用語を借用し、「仮説」をあえて(「客観」に対する)「共同主観」と言い換えれば、「共同主観」(さらに直截に言えば「虚構」)は我々現生人類(ホモサピエンス)の歴史を前進させてきた原動力であるというのが、世界的なベストセラーになったのが『サピエンス全史』の著者ハラリの主張のエッセンスである[7]。現生人類(ホモサピエンス〉の長年のライバルであったもう1つの人類ネアンデルタール人を最終的に現生人類が絶滅させるに至ったのは、現生人類だけが脳の突然変異(「認知革命」)を経て物理的には存在しないもの、つまり「共同主観／虚構」を語る能力を手にしたからだとハラリは言う。

ちなみに一般に持たれているイメージと違い、ネアンデルタール人は現生人類の「祖先」ではない。同じ時代に生存し、ときに戦争もしていた「もう1つ別の人類」であった。余談ながら(歴史に「もし」はないと言うものの)、もしネアンデルタール人が我々の祖先によって絶滅に追い込まれず、進化を続けたとすれば、今日のCSR上の重要課題である多様性は「取締役会におけるホモサピエンス系とネアンデルタール系の比率は……」「管理職では……」ということになっていたかもしれない。そう考えてみると、今日語られている多様性はホモサピエンスという単一の人類の中の狭い話といえないこともない(そう考えたところでダイバーシティの難しさは減じないが、もしかしたらご担当者の気休め程度にはなるかもしれない)。

話を戻そう。社会学的にも現に物理的に存在するものしか思考し共有できない場合、共同行動をとれる人数は150人が限度であるとされる。他方、共同主観的的存在(「神」や「神々」といった超越的存在はその典型であるが、紙切れでしかない紙幣に価値を認めるのも共同主観の産物である)に訴えれば飛躍的に動員可能な人間の数は増大する。歴史を通じ多くのホモサピエンスは「我々の神々のため」に戦ってきた。ホモサピエンスはかくして大きな動員力によって客観的存在についてしか思考できないネアンデルタール人を絶滅に追い込んだのである。

国際政治学者のフランシス・フクヤマは同様のことを次のような表現で述べている。「人類はまた、その本性において規範をつくり出し、規範に従おうとする生き物である。社会的相互作用を規定する必然的なルールづくりを自ら行い、集団行動をとれる」[8]。

ESGもその理念のもとに多くのステークホルダーを動員し、短期主義を乗り越える社会を創造できる力を秘めている。社会のあるべき将来像は共同主観としての存在であり、ESGはそれを創り出しているのである。

経済学的に語るとすれば、このプロセスは「市場の外部性」の内部化の過程と表現できる。労働者を搾取し、労働者の子弟の教育機会が奪われたとしても、また、環境に負のインパクトを及ぼしても、その社会、環境上のコストは製品価格には十分反映されない。このようなことを経済学では「市場の外部性」と称する。しかし、人権侵害された労働者の苦悩や気候変動への負の影響が何らかのかたちでコストとして財の価格に反映したり、企業が費用計上することを余技なくされたりすれば話は一変する。ESG投資が良いパフォーマンスを生む社会とは「市場の外部性」が小さい社会と言い表すこともできる。ESGとは、そのような社会をつくるべきではないか、という問いかけをでもある。

もちろん環境、社会そしてガバナンスへの配慮が現時点でより安定した高い収益をもたらすかどうかは重要な論点であるが、同時に問わなければならないのは、環境、社会そしてガバナンスへの配慮が企業の長期安定的な成長につながる社会を創造していく意志とその実践である。ESG 投資が今日において実際に、その標榜する成果につながるかどうかは明確ではないが、社会経済がそのように変化していく可能性は誰も否定できないし、そのような動きは次第に明瞭になりつつあるように思われる。ESG 投資とはある意味で問いであり、我々すべてへの課題の投げかけである、と私は考えている。

4.2.5　次世代 ESG 政策参加型ファンド

ESG 投資は今やメインストリームの金融機関が担っている。米ゴールドマンサックスが米政権に多数の高官を送り込んだように、彼らは世界を形作るだけの影響力を有している。長期的に ESG が高いリターンを生む投資になるように政策を含む社会環境を創造していくという発想が出てくるだろう。私は「次世代 ESG ファンド」を図表 4.1 のように考えている。

自らルールメーキングしつつ投資先が長期的に成長していく環境をつくり出す政策能動的な ESG ファンドである。次世代の ESG ファンドは姿勢を大きく

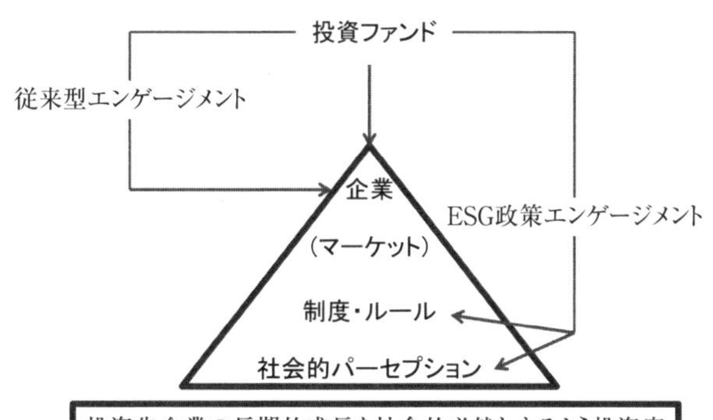

図表 4.1　次世代 ESG 投資（政策参加型ファンド）

転換するだろう。投資先企業への企業単位のエンゲージメントは当然であるが、さらにその先、社会そのもの、制度・ルールや社会的パーセプションにエンゲージしていくことによってESGの配慮を経済的パフォーマンスにリンクするのである。政府、市民団体など広いステークホルダーとサステナビリティという共通の価値観のもとに協働していくのが次世代のESG機関投資家の1つのあり方であろう。

4.3　EUサステナブルファイナンスの意味するもの

4.3.1　EUサステナブルファイナンスのねらい

EUサステナブルファイナンス政策は大きく2つの目標を掲げている。1つは、EU経済を持続可能にするために必要な投資資金の確保である。確保といっても新しい資金源が湧き出てくるわけではないので、既存の資金循環の中で資金の行き先をサステナビリティに資する事業分野に振り向けていくこと（リオリエンテーション）が目標となる。

EUは3つの気候変動とエネルギーに関する目標を掲げ2030年までに実現をめざしている（図表4.2）。

- 温室効果ガスを1990年レベルと比較し最低でも40%排出量削減
- エネルギー消費の少なくとも27%を再生エネルギーで賄う

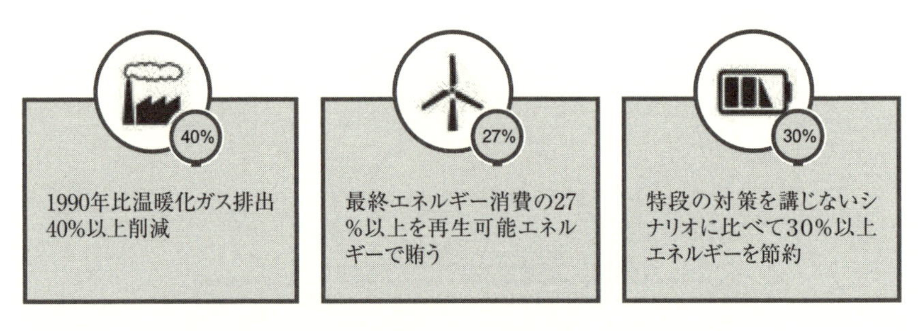

（出典）EU："FINANCING SUSTTAINABLE GROWTH",
https://ec.europa.eu/info/sites/info/files/180308-action-plan-sustainable-growth-factsheet_en.pdf

図表4.2　EUの2030年気候変動・エネルギー目標

- エネルギー消費を現状の単純延長した場合に比較して少なくとも30%削減

この3つの目標の実現だけでも毎年1800億ユーロの資金が投入される必要がある。さらに、交通、水、廃棄物対策などを含めると必要な資金量は毎年2700億ユーロに膨れ上がる。交通、水・廃棄物、そしてエネルギーの三分野についての現在の投資額と追加的に必要となる投資額は図表4.3のとおりである。

もちろん、環境面のみならず、社会的サステナビリティの確保も不可欠である。したがって、必要な投資額はさらに大きなものとなる。EUはアセットベースでは100兆ユーロの資金ストックを有している。主に民間の資産であり、この資産アセットからサステナブルな社会経済を創り上げるために必要なフローの投資額を捻出することが課題となる。

さらに、サステナブルファイナンスはサステナブルな経済の実現に加えてもう1つ大きな目標を有している。それは金融機能そのものの安定化である(図表4.4)。2008年のリーマンショックに起因する世界的金融の混乱。ESGの考慮を金融の意思決定に織り込むということは、このような金融の混乱をできるだけ回避することも併せて意図されている。

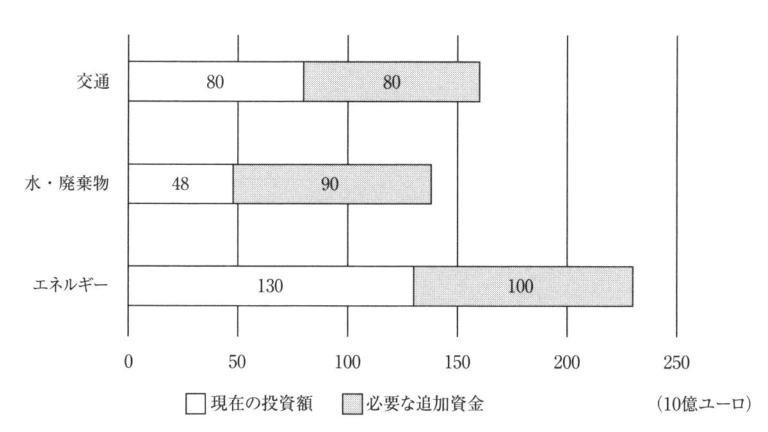

(出典)EU:"FINANCING SUSTTAINABLE GROWTH",
https://ec.europa.eu/info/sites/info/files/180308-action-plan-sustainable-growth-factsheet_en.pdf

図表4.3 EUの3つの気候変動とエネルギーに関する目標の達成に必要な資金

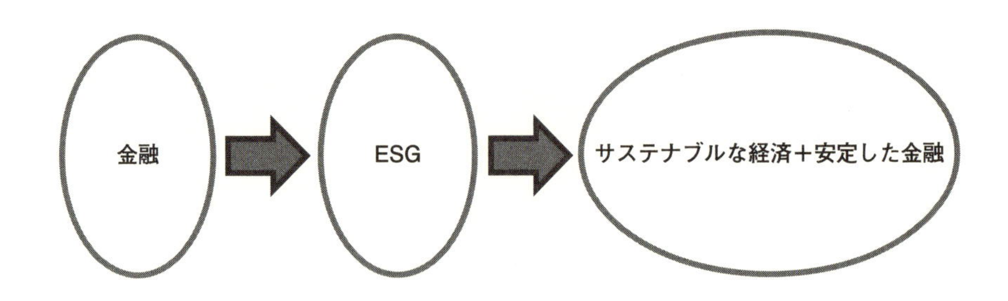

図表 4.4 サステナブルファイナンスのねらい

4.3.2 ハイレベル専門家グループ（High-Level Expert Group）

ハイレベル専門家グループは2016年に欧州委員会によって設置された。目的はサステナブルファイナンスに関する戦略の策定である。同グループは2018年1月の最終報告で8つの鍵となる勧告をした。その中から提言の切り込みの深さの象徴的例としてまず「グリーンサポーティング・ファクター」について取り上げたい。

(1) グリーンサポーティング・ファクター

グリーンサポーティング・ファクターとは銀行の自己資本比率規制を調整することによって気候変動その他環境改善に寄与する事業への融資を促進する手法である。前例がある。2014年に導入されたSMEサポーティング・ファクターである。SME（Small and Medium Enterprise）つまり中小企業への融資を促進するため、金融機関が中小企業に融資した場合、その融資に関する自己資本規制を緩和する措置である。このアイデアを環境改善に資する事業への融資の促進に応用した。

より詳細に見れば、EUの自己資本規制は金融機関の中小企業向け融資に対しては通常必要な自己資本の76%での対応を認めている。グリーンプロジェクト向けの貸し出し債権（グリーン貸し出し債権）についても同様に通常融資に比べて緩和をするのがグリーンサポーティング・ファクターの考え方である。銀行業界を代表するヨーロッパ銀行連盟も導入に賛成の意を表している。

貸出債権に対する自己資本比率の規制は銀行の経営の安定性を根幹から支える規制である。これをサステナビリティと結びつけるところがヨーロッパらしい。他の国では金融当局と環境当局の間の壁のため議論さえ困難かもしれない。

ヨーロッパでは同時に「ブラウン・ペナライジング(懲罰)・ファクター」つまり環境に悪影響を与える企業や事業への融資について自己資本規制を厳しくするという「北風」措置も議論の俎上に上っている。政策として採用される可能性は現時点では小さいと見られるが、環境NGOなどブラウン・ペナライジング・ファクターの推進派は少なくなく、動向は注視を要する。仮にそのような措置が導入されれば資金調達の面で悪影響を受ける企業が出てくることは間違いないだろう。

(2) ロングターミズム

ハイレベル専門家グループの最終報告の内容は多岐にわたるが、一貫するキーワードは「ロングターミズム(長期主義)」である。すでに見たようにESGが成り立つ必要条件は短期収益主義から長期主義への移行である。ロングターミズム実現に向けた措置として提言されたもののうち国際的にインパクトがあり、かつ日本の参考になるであろう措置を拾ってみる。

① 投資家のESG責務を明らかにすること

「アセットオーナーがESGファクターを考慮し投資戦略に組み入れることを義務づける」可能性が言及されている。私は法的な義務化は困難であろうと考えていたが、予想に反して2019年3月に欧州理事会(加盟国の代表の集まり)と欧州議会は政治的合意に達し、機関投資家にESG要素を投資決定どのように織り込んでいるかについて開示する法的義務が課せられる方向が決まった。

アセットオーナー(日本でいえばGPIFのような存在)へのESG配慮の義務づけ(「拡大受託者責任」と呼んでもよいだろう)が実現すれば、長年の受託者責任(フュディシャリーデューティ)を巡る議論に終止符が打たれることになる。

② 取締役のESG責務の拡大

また、取締役のESG責務の強化も提言されている。採用になれば、取締役会でESGについて議論がなされないようでは、取締役は責務を果たしていないことになる。企業のガバナンスの変革を通した長期主義の実現がめざされている。

③　金融監督当局の権能にサステナビリティを追加

日本の金融監督庁に相当する組織にもサステナビリティにも責任を持たせるべきとの提言である。実現すれば、例えば、金融機関が投融資するにあたって行うリスク分析の時間軸を長期化することが義務づけられることなどが想定される。

④　企業のレポートの間隔の長期化

四半期報告のプラクティスが短期志向型の経営の一因であるとして再考を促している。

⑤　国際会計基準（IFRS）の時価主義の修正

仮に取引がなくても時価変動だけで資産評価、ひいては業績が変動してしまう現在の国際会計基準の資産評価基準は長期的視点に立った投資に潜在的なマイナスであるとしている。IFRSの徹底した時価主義には日本国内でも経営の安定性の観点から反対論があったが、ハイレベル専門家グループはサステナビリティの視点から異議を呈している。

4.3.3　サステナビリティ・タクソノミー

ハイレベル専門家グループの提言について取り上げてきたが、提言リストのトップは「タクソノミー」である。「タクソノミー」とは一般に分類学といった意味になるが、ハイレベル専門家会合が提唱するタクソノミーは「環境改善への貢献」などサステナビリティに資すると称される行動が本当に実質をともなっているか否かについての「基準」のことである。一般に「サステナビリティ・タクソノミー」と呼ばれる。サステナビリティに関する事業活動の「仕分け」と捉えればいいだろう。最終的には社会も環境も含んだサステナビリティ全般に関するタクソノミーの設定がめざされるが、当面環境分野とりわけ気候変動に関する作業が先行している。

なお、このサステナビリティについての概念的統一が要請されるEU独特の背景にも目を向けておくべきだろう。いわゆる「シングルマーケット」である。EU は単一の市場であり、国別の制度やルールの違いが単一市場性を歪めてはいけないという大原則がある。経済主体が EU 全体を１つの市場として障害を感じずに国を超えて事業活動を展開できることが、シングルマーケットの条件である。

金融機関も経済主体の１つであるので、投融資に関する判断について国ごとの違いを考慮する必要がない環境が求められる。労働市場についてもしかりで、EU 市民であれば国境を意識せず EU 内どの国でも自由に働くことが可能である。明日転職してローマからベルリンへというのは日常茶飯事なのだ。ことほど左様にシングルマーケットはさまざまな統一ルール作りを要請する大きな「法源」である。

この背景は、サステナビリティ・タクソノミーにもあてはまる。「サステナブルな投資」というコンセプトが加盟国ごとに不統一であればシングルマーケットが歪められる。スペインのアセット・マネジメント会社が語る「サステナブルファンド」とリトアニアの運用機関が宣伝する「サステナブルファンド」が意味の違うものであればフランスのアセットオーナーはどちらに運用を委託するか判断が困難になる。また、ドイツの自動車メーカーとフランスの自動車メーカーがそれぞれ別の意味で「サステナブル」を使えば、運用機関は両企業の正確な比較に基づく投資が困難になる。かくしてサステナブルという概念自体の統一化が要請される、少なくとも正当化される。他の国であれば政府の過剰介入だという反論も出るだろうが、EU には反論に対する独特の反論がある。「しかし、国ごとに基準の不統一は許されない。EU は単一市場なのだから」。

そしてこの「共通化」のロジックこそ EU のルールが EU 外にも強い訴求力を持つ大きな要因である。例えば、日本にしろ、アメリカにしろ、それぞれのルールは一国のルールでしかない。しかし、EU のルールは EU のルールであるという時点で加盟国の共通ルール、既に一種の国際ルールとなっている。もちろん、国ごとの利害を調整しながら行う「共通化」にはそれ自体の大変さがあるわけだが、その大変さを一度経ているという点で EU ルールはグローバルルールになる適性に恵まれている。世界の産業界が EU という１地域的政治体のルールメーキングに注目するのはこのような背景もある。

4.4　欧州委員会アクションプラン

4.4.1　持続可能な成長のファイナンスに関する行動計画

ハイレベル専門家会合の提言を受けて2018年３月に欧州委員会は「持続可能な成長のファイナンスに関する行動計画」を発表した。10の行動計画は以下のとおりである。

持続可能な成長のファイナンスに関する行動計画（2018年３月）	
アクション１	最優先課題：タクソノミー
アクション２	グリーンボンドの標準策定
アクション３	サステナブルインフラ投資の推進
アクション４	ファイナンスアドバイスへのサステナビリティの統合
アクション５	サステナビリティ・ベンチマークの策定
アクション６	企業のESGパフォーマンスの評価手法の標準化
アクション７	機関投資家、アセット・マネジャーのサステナビリティ責務の明確化
アクション８	サステナビリティに応じた金融機関の自己資本規制の調整
アクション９	非財務情報開示ガイドラインを改定しTCFDと整合性をとる IFRSの時価主義についての修正の検討
アクション10	企業取締役のサステナビリティに関する責務の拡大と短期主義的プレッシャーを緩和する方策の検討

「最優先課題」と特記されたタクソノミーがサステナブルファイナンスの土台を担う政策であることが改めてわかる。タクソノミーは標準、ラベリング、グリーンサポーティング・ファクター、サステナビリティ・ベンチマークなど広範な政策の基礎となる。タクソノミー以外の９つの目標どれをとっても政策の対象を明確に定める必要があり、最終的に概念の明確化としてのサステナビリティ・タクソノミーに行き着く。なお、サステナビリティ・タクソノミーの対象はまず気候変動から始められ、次に他の環境問題さらに社会課題へと拡げ

られる予定であり、2019年6月に気候変動にかかる報告書が発表された。

サステナビリティ・タクソノミーのインパクトと意味の理解に不可欠な2つの点にだけ触れておこう。

1つは影響の範囲である。タクソノミー規制は一義的には金融機関に対する規制である。しかし、タクソノミーのインパクトは金融の世界を超えて広範に及ぶ。金融あらゆるセクターに対する資金の導管である。よってそこで使われる統一概念は広い産業に適用されることになる。

もう一点は、非財務情報開示との関係である。非財務情報開示のガイドラインには、GRIスタンダードやアメリカサステナビリティ会計基準(SAS Sustainability Accounting Standards)、国際統合報告フレームワーク(IIRC：International Integrated Reporting Framework)など有力なものがある。これらの非財務情報開示の準則は、いずれも一言でいえば報告に「書くべきこと」を規定している。マテリアリティをいかに特定しどのように記載するのか、ビジネスモデルとサステナビリティ・イシューの統合はいかに記載すべきか、などである。

一方、サステナビリティ・タクソノミーは記述内容の厳密化に貢献する。例えば、「当社の○○の事業は気候変動問題の緩和に貢献している」と言えるかどうかの基準である。基準を満たしていなければ「気候変動問題緩和への貢献」と語ることは許されない。このようにサステナビリティ・タクソノミーはむしろ「書いてはいけないこと」を規定する面がある。

したがって、種々の開示のガイドラインとタクソノミーは相互補完的である。タクソノミーに沿った厳密な概念を用いることによって「○○ウォッシュ」と見られない説得力のあるレポーティングが可能になる。

各論に入る前に2018年から2019年の第三四半期までの間の欧州委員会のサステナブルファイナンスに関する多様な政策をタクソノミー、標準とラベリング、その他に分け、とそれぞれの関係とタイムフレームを図表4.5で概観しておこう。

4.4.2　ベンチマーク規制

欧州委員会アクションプランはタクソノミー規制案を含めいくつかの法案

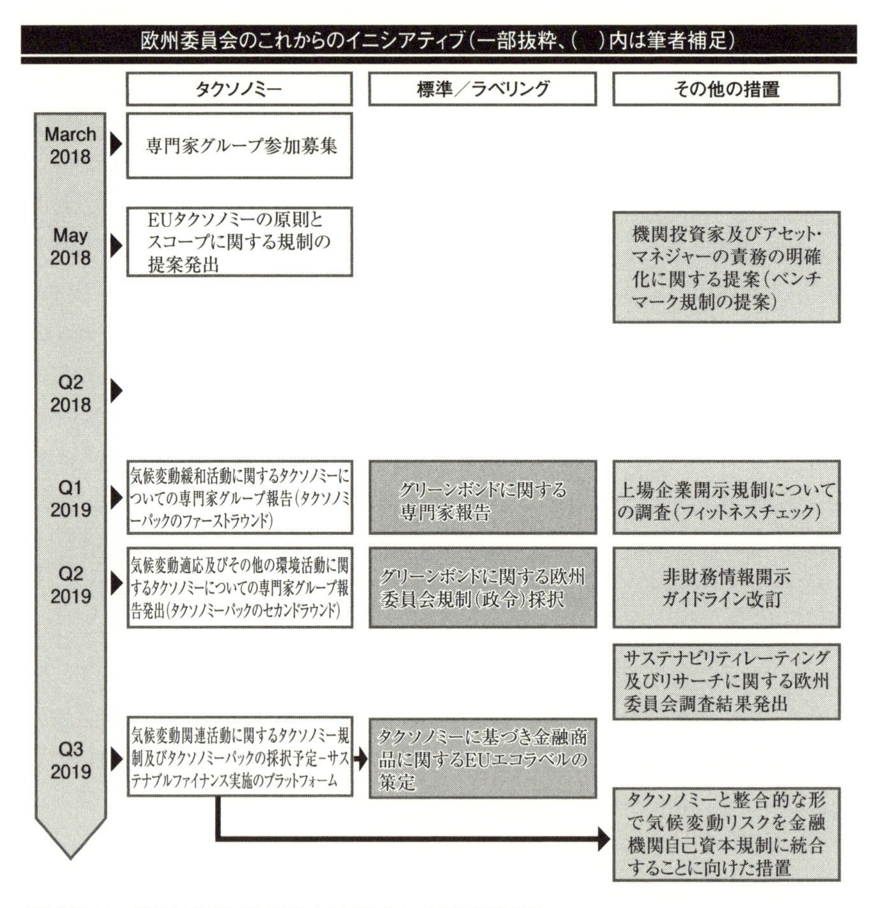

（出典）EU：“FINANCING SUSTTAINABLE GROWTH”, https://ec.europa.eu/info/sites/info/files/180308-action-plan-sustainable-growth-factsheet_en.pdf

図表 4.5　次期委員会の取組み

とパッケージになっており、「サステナブルファイナンスパッケージ」と呼ばれている。なお、タクソノミーフレームワーク規制は情報開示と密接な関係にあるので詳細は次章で検討することとし、ここではEU行動計画のアクション5にあげられているベンチマーク規制の改正案（Regulation amending the benchmark regulation）を概観する。規制案の内容に入る前の準備として「インベストメント・チェーン」と「インデックス」について簡単に整理しておきたい。

(1)　インベストメント・チェーン

最初に「インベストメント・チェーン」と呼ばれるお金の流れについて概観しておきたい。

図表4.6を見ていただきたい。インベストメント・チェーンにはさまざまな形があるが、日本の公的年金制度に最も近いインベストメント・チェーンを示している。会社に勤めていれば給与から年金保険料が天引きされるし、また個人であれば自分で国民年金保険料を支払う。会社は従業員の、政府は公務員の年金保険料の一部を負担している。図表4.6の一番上に「個人、スポン

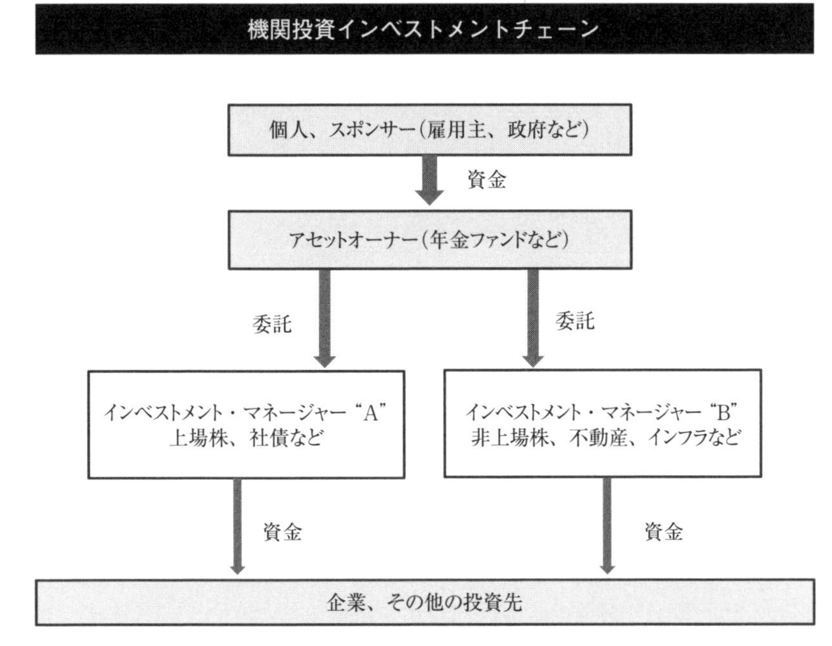

（出典）OECD：“Responsible business conduct for institutional investors”, 2017.
https://mneguidelines.oecd.org/RBC-for-Institutional-Investors.pdf

図表4.6　インベストメント・チェーン

サー(雇用者、政府など)」とあるのは、公的年金の原資はこの層の支払いであることを示している。次に支払われた年金は、一般にその下の「アセットオーナー」と呼ばれる組織に渡り管理される。この図表4.6ではアセットオーナーの例として年金基金や政府省庁があげられている、日本の公的年金制度はGPIF(Government Pension Investment Fund：年金積立金管理運用独立法人)が一括して管理する。公的年金に関する限りGPIFは国内唯一のアセットオーナーである(本当の意味での「オーナー」は年金保険料を実際に支払う人なり組織なのだが)。

諸外国の公的年金のアセットオーナーの中には自ら運用(インハウス運用)を行うところもあるが、GPIFは一部の国債を除き基本的に運用はすべて外部にアウトソースする。このアウトソース先が表の中の「投資マネジャーA」と「投資マネジャーB」である。これらは、GPIFから資金を預かり運用する。典型的には信託銀行やアセット・マネジメント会社である。

世界最大のアセット・マネジメント会社が先にあげたブラックロックである。彼らは一般には「ファンド・マネージャー」と呼ばれ、ファンドを組成し運用成績を競う。運用先として資金を受け取るのがインベストメント・チェーンの最下流となる「企業その他の投資先」である。

先に、GPIFが2017年にESG投資を開始したことが日本のESG投資の本格的幕開けとなった旨述べたが、この表に沿っていえば、GIPFがESG投資を開始したとは、ESGインデックスに基づく運用を特定の投資マネジャー(ファンド・マネージャー)に委託したことを意味する。ESG投資運用の方針はGPIFが定めるが、実際の運用実務は受託した信託銀行なりアセット・マネジメント会社が担う。

(2)　ベンチマーク・インデックス

次に「インデックス」と「ベンチマーク」について少し整理しておく。インデックスは、特定の市場の全体動向を示す指数のことをいう。日本株については、「日経平均株価」や「東証株価指数(TOPIX)」などが知られている。これらは、代表的な企業を選び比重付けして指数化している。海外では「NYダウ」や「S&P500」、「ナスダック総合指数」、「FTSE100」などが代表例である。

これら「インデックス」を作成し使用に供している主体が「インデックス・プロバイダー」である。投資ファンドが運用成績の良し悪しの判断基準にするインデックスは「ベンチマーク・インデックス」と呼ばれる。投資ファンドはそれぞれの銘柄構成に照らし運用成績の判定に最も適したインデックスをベンチマーク・インデックスに選ぶ。

投資ファンドはアセット・マネジャーが投資対象の企業(「銘柄」と呼ばれる)を選択しそれぞれの銘柄をウェイト付けする。その際、2つの方法がある。特定のインデックスとまったく同じ対象銘柄にし、かつウェイト付けも同じにしてファンドを組成するやり方が1つである。当然、運用成績はそのインデックスの変動とまったく同じになる。こういうファンドは「インデックスファンド」と呼ばれ、運用方法は「パッシブ運用」と呼ばれる。

もう1つの形態は特定のインデックスと銘柄構成は同じであるが銘柄ごとのウェイト付けを変えることで高い運用成績をめざすファンドである。アクティブ運用といわれる。仮に「Aインデックス」に基づきアクティブ運用を行う「B投資ファンド」が組成されれば、B投資ファンドの運用成績の良し悪しの判断基準となるAインデックスはB投資ファンドの「ベンチマーク・インデックス」である。

環境、社会、ガバナンスの各要素を評価したうえで一定の条件をクリアした企業のみが組み込まれるESGファンドも構造は同じである。GPIFのESG投資はインデックス投資、つまりパッシブ運用であり、FTSE Blossom Japan Index、MSCIジャパンESGセレクト・リーダーズ指数、MSCI日本株女性活躍指数の3つのインデックスが使われている。これらのESGインデックスの運用成果の評価は「日経平均株価」や「東証株価指数(TOPIX)」をベンチマークとしてなされていると考えられる。

このようにベンチマーク・インデックスは、ファンドの投資先と投資額を決定づけたり、運用の目標として使用されたりするため、作られ方そのものがマクロ的資金配分に影響する。サステナビリティを政策目標に掲げるEUがインデックスの領域まで踏み込んできたのも資金配分を持続可能な貸出先、投資先に方向づけるためである。日本企業にとっても自社がFTSE4GoodなどESGインデックスの対象銘柄に含まれるか否かは、自社のCSR活動の評価の高低を表すものとして大きな関心事項であるが、その点でもESGベンチマーク・インデックスに関するEU政策は注視する必要がある。

(3)　EUベンチマーク規制改正案のポイント

EUベンチマーク規制改正案のポイントは２種類のベンチ―マークの新設である。

規制改正案は2018年５月に欧州委員会による提出されたが、欧州議会と欧州理事会は規制案の正式な承認に先立ち、2019年２月に欧州委員会を交え新しく２つのベンチマークを創出することにつき政治的合意に達した。その際、ベンチマークの名称は(欧州委員会提案の規制改正文中の名称と異なり)それぞれ「気候移行ベンチマーク」“EU Climate Transition Benchmark”、「パリ協定整合的ベンチマーク」“EU Paris-aligned Bemchmark”とされたので、以下はその名称を用いつつ、内容は欧州委員会提出の改正案に沿うことにする。

- **気候移行ベンチマーク**：標準的なベンチマークに比べ二酸化炭素排出が少ないベンチマーク。
- **パリ協定整合的ベンチマーク**：炭素排出削減効果が排出量を上回る(つまり炭素排出量がネットでマイナス)の企業のみで構成される厳格なベンチマーク(なお、政治合意の発表文書ではパリ合意整合的ベンチマークの対象となる企業は「パリ合意1.5度目標に整合的な取り組みをしている企業」と法案とは異なった記述がなされており、今後の法案審議の中でそのように修正される可能性がある)。

いずれにせよ、これまでEUでは気候変動問題への貢献を謳ったさまざまなインデックスが存在していた。しかし、それぞれのインデックスの気候変動緩和への貢献度はさまざまであり、ファンド・マネージャーにも判断できない状況であった。この曖昧な状況を、「気候移行ベンチマーク」と「パリ協定整合的ベンチマーク」の２つの明確に峻別されたベンチマークのカテゴリーを創設することで解消し、グリーンウォッシュの余地をなくすことが法案の目的である。欧州委員会は「パリ協定に沿った投資方針をとるとするファンド・マネージャーはパリ協定整合的ベンチマークを使うべきである」
と述べパリ協定整合的ベンチマークの使用を強く勧めている。

今回の規制改正案にはインデックス・プロバイダー側の透明性の向上も規定されている。パリ協定整合的インデックスの場合、組み込まれている企業一社一社につき排出量削減が排出量を上回っていると判断した根拠の公表が求められている。このようなインデックス・プロバイダーの情報提供義務は、現実にはインデックスに組み込まれることを希望する企業が果たすことになるだろう。

今後、温暖化ガス排出のネットマイナスによる 1.5 度目標への貢献が気候変動緩和への貢献を語ることのできる新しい「ライセンス」になっていくのかもしれない。

第 4 章の参考文献

[1] ナサニエル・ポッパー 著、土方奈美 訳：『デジタル・ゴールド――ビットコイン、その知られざる物語』、日本経済新聞出版社、2016 年。
[2] 「アシックス、「環境・社会貢献」限定の社債発行」、『日本経済新聞』、2019 年 2 月 22 日。
[3] アムンディ・ジャパン 編：『社会を変える投資 ESG 入門』、日本経済新聞出版社、2018 年。
[4] GSIA：*Global Sustainable Investment Review 2018*
http://www.gsi-alliance.org/trends-report-2018/
[5] 「ESG 投資変調の兆し、旗振り役の米年金幹部交代」、『日本経済新聞』、2018 年 12 月 4 日。
[6] Joel Makower：“The risky business of ESG”, *GreenBiz*, Wednesday, February 6, 2019.
[7] ユヴァル・ノア・ハラリ 著、柴田裕之 翻訳：『サピエンス全史 文明の構造と人類の幸福 』、河出書房新社、2016 年。
[8] フランシス・フクヤマ 著、会田弘継 翻訳：『政治の衰退　フランス革命から民主主義の未来』、講談社、2018 年。
[9] EU：“FINANCING SUSTTAINABLE GROWTH”,
https://ec.europa.eu/info/sites/info/files/180308-action-plan-sustainable-growth-factsheet_en.pdf
[10] OECD：“Responsible business conduct for institutional investors”, 2017.
https://mneguidelines.oecd.org/RBC-for-Institutional-Investors.pdf

第5章

次世代ディスクロージャー

5.1　TCFD 最終報告

5.1.1　4つのテーマと考え方

気候変動関連財務情報開示タスクフォース（Task Force on Climate-related Financial Disclosures：TCFD）は 2015 年に金融安定理事会によって設立された。金融安定理事会とは主要国の中央銀行や金融監督当局、財務省、世界銀行などが参加する国際的な政策協調を進める組織である。

TCFD は、パリ協定を受け協定目標実現に向けた新しい企業財務開示方法の策定に取り組み、最終報告を 2017 年 6 月に発表した[1]。

TCFD が進める財務開示の目的は金融商品の価格が適切にリスクを織り込んで形成されることによる金融市場の安定である。低カーボン経済への移行にあたり取引される株式や債券の価格に適切にリスクが反映されるために必要な開示情報をまとめたのである。TCFD 報告書はガバナンス、戦略、リスクマネジメントそして測定指標と目標の 4 つのテーマに沿って構成されている（図表 5.1）。

TCFD 報告書は報告対象となる気候変動関連リスクを「移行リスク」と「物理的リスク」に大別している。移行リスクとは、経済社会全体が低カーボンに適応していく中で政策、規制、技術、市場などが変化していくことにともなうリスクである。カーボンプライシングの導入は政策変化の例である。また、気候変動緩和対策を怠ったという理由での訴訟も増大しており、このような法的リスクも移行リスクに含まれる。

一方、物理的リスクとは、台風や洪水といった個々の自然現象にともなうリスクと慢性的リスク、つまり長期的気温上昇、高頻度の熱波などのリスクをさしている。このようなリスクが企業財務に与える影響を市場が正しく判断する

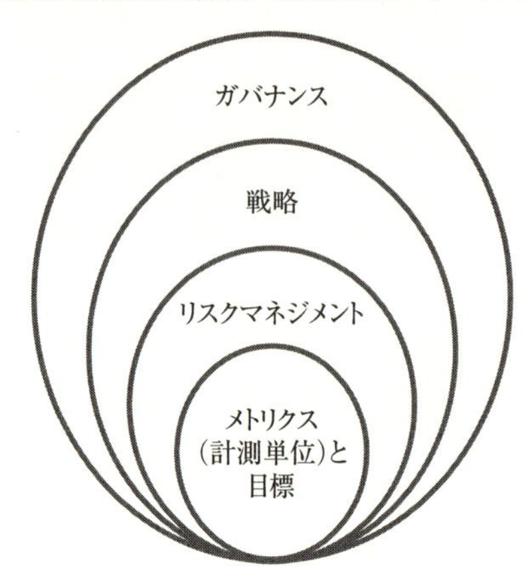

（出典）TCFD：*Final Rport"Recommendations of the Task Force on Climate-related Financial Disclosures"*, June 2017.

図表 5.1　TCFD 報告書コアエレメント

ための情報開示の原則を示したものが TCFD 報告書である。

5.1.2　11 のテーマへの細分化

TCFD 報告書は 4 つの大きなテーマをさらに細分化し計 11 のサブテーマに分けている（図表 5.2）。

- ガバナンスについては(1)取締役会の監視、(2)執行側の役割
- 戦略については(3)気候変動関連のリスクと機会、(4)気候変動関連リスクと機会それぞれのインパクト、(5)戦略の強靭性
- リスクマネジメントについては、(6)リスク認知と評価のプロセス、(7)マネジメントのプロセス、(8)全般的リスクマネジメントへの統合
- メトリクスと目標については(9)評価のためのメトリクス、(10)温室効果ガス排出量、(11)目標値

である。

図表 5.2　TCFD 報告書のテーマ

4 つの大きなテーマ	11 のサブテーマ
ガバナンス	(1)　取締役会の監視 (2)　執行側の役割
戦略	(3)　企画変動のリスクと機会 (4)　気候変動リスクと機会それぞれのリスク (5)　戦略の強靭性
リスクマネジメント	(6)　リスク認知と評価のプロセス (7)　マネジメントのプロセス (8)　全般的リスクマネジメントへの統合
メトリクスと目標	(9)　評価のためのメトリクス (10)　温室効果ガス排出量 (11)　目標値

このうち(5)「戦略の強靭性」については2℃あるいはそれを下回るシナリオに沿った低炭素経済への移行シナリオ及び、また当該組織にとって関連性がある場合は、物理的リスクシナリオを描き、会社の戦略のレジリエンス(強靭性)を報告する。説明が望ましいことがらとしては、

- 気候関連のリスク及び機会によって悪影響を受ける可能性のある戦略
- 潜在的なリスク及び機会に対処するために、戦略がどのように変化し得るか
- 検討される気候関連シナリオとその対象期間

とそれぞれ具体的に立てたシナリオに照らした自社の戦略評価を求めていることが特徴である。

また、(10)「温室効果ガス排出量」についてはGHG(Greenhouse Gas)プロトコルが策定した排出量の算定基準を使用することを求めている。GHGの排出量は「スコープ 1、2、3」に分かれている。スコープ 1は、事業者が直接排出する温室効果ガスで自社の工場・オフィス・車両などからの排出量の総計である。スコープ 2は、使用した電力の発電にともない発生する温室効果ガスである。スコープ3はバリューチェーン全体の排出量、自社排出量のみならず、企業活動の上流から下流にかかわる内容を算定範囲とする。サプライヤーが自社向け部品を製造する際の排出量、販売した製品が消費者に使われる際の排出量なども含まれる。スコープ3の開示には広範なデータ収集が必要であること

もあり実際の開示はまだ初期的な段階である。

しかし、4.2.2項で述べたとおり世界最大のインベストメント・マネジメント会社ブラックロックが大きな気候変動リスクに晒されている企業約120社にTCFD報告書に沿って情報開示することを要請した。このように、TCFD報告書に基づく情報開示は今後多くの企業の課題となっていくだろう。さらに、TCFD報告書のボランタリーな性格そのものがEUの政策によって大きく変化しようとしている。

5.2　EU非財務情報開示指令とTCFDの融合

5.2.1　EU非財務情報開示指令のポイント

EUは2014年に非財務情報の開示義務を従業員500人以上の企業に課す指令を制定した。対象企業は2018年以降、環境保護、社会的責任と従業員の待遇、人権の尊重を報告事項の柱とする非財務情報をアニュアルレポートなどにより開示することが求められている。

TCFD報告書と違い、EUの非財務情報開示は法律上の義務である。ただ、指令自体には報告事項の詳細は規定されず、2017年に具体的で詳細な報告事項を規定した「非財務情報開示ガイドライン」が公表された。ガイドラインに沿った開示をするかどうかは企業の任意であるが、ガイドラインに沿わない開示をする場合はその理由の説明を義務づけられている。“Comply or Explain”「遵守するか説明するか」型であるため、開示義務対象の多くの企業がガイドラインに基づく開示を行う。

(1)　ダブルマテリアリティ

EU非財務情報開示指令の内容面のポイントの1つが、「マテリアリティ」コンセプトを法的に拡大した点である。

財務情報におけるマテリアリティを2013年EU会計指令2条は次のように定義している。

> 「無記載、もしくは誤記載の場合、財務報告書のユーザーが報告書に基づ

いて行う決定に影響を及ぼすと合理的に考えられる情報」

財務報告書は株の売買、企業格付け、融資判断など、さまざまな金融行為の基礎となる。中でも「決定」に影響を及ぼす情報が「マテリアリティ」の定義である。

このような会計指令上の「マテリアリティ」に対し、非財務情報開示指令第1条は新しい要素を加えている。その定義は

「企業の活動のインパクトを理解するために必要な情報」

である。この「企業活動のインパクト」は広い(ある意味茫漠とした)概念である。さらに、ユーザーの「決定へ影響」から、ユーザーの「理解のための必要性」にも拡大されている。「理解」は「決定」より広い概念であることはあきらかである。

このことを欧州委員会は図表5.3のように「ダブルマテリアリティ」として「マテリアリティ」の考え方の進化として説明する[2]。「ダブルマテリアリティ」とは気候変動が企業に与える「財務のマテリアリティ」と企業活動が環境や社会に与える「環境及び社会のマテリアリティ」の2つのマテリアリティである。

この「ダブルマテリアリティ」の考え方をもう1つ別の形で提起したのがOECD の「投資家による投資先のデューデリジェンス責務」である。OECD：“Responsible business conduct for institutional investors”の該当部分の大意は以下のとおりである[3]。

「投資家のデューデリジェンスはESG関連のリスクマネジメントの枠組みを使って実行することも可能であるが、それはリスクが単に投資家自身や投資対象企業に向かうリスクだけではなく広く社会的リスクも対象としている場合に限られる。(中略)ESG のリスクの認識のプロセスはCSR リスク全般を勘案するように発展させられるべきである。」

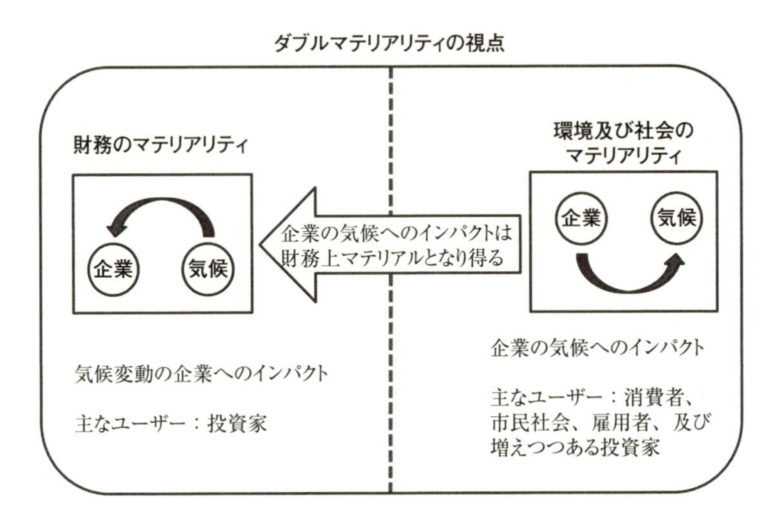

（出典）European Commission："Consultation Document of the Update of THE Non-Binding Guidelines on Non-Financial Reporting", 2019.
https://ec.europa.eu/info/sites/info/files/business_economy_euro/banking_and_finance/documents/2019-non-financial-reporting-guidelines-consultation-document_en.pdf

図表 5.3　ダブルマテリアリティ

つまり、金融機関が投融資候補もしくは既に投融資を行っている企業のデューデリジェンスを実施するにあたっては運用成績に影響するリスクのみならず、当該企業が与えているもしくは与える可能性がある「社会的リスク」も広く対象にせよと言っている。かくしてOECDも機関投資家にダブルマテリアリティの勘案を求めているのである。

ほかに留意すべき点を2つあげたい。1つはマテリアリティの判断にあたりステークホルダーの関心と期待を考慮することが求められていること。もう1つは公共政策と規制も考慮すべきと規定されていることである。例えば、自動車会社であればZEV優遇可能性は自社にとってのマテリアリティの判断に影響するだろう。

(2)　コーポレートガバナンスへの影響

EU非財務情報開示指令にはコーポレートガバナンスのあり方も規定されて

いる。取締役会がしかるべく役割を果たすため、取締役会にサステナビリティを担当する委員会を設置する、もしくはサステナビリティ担当の社外取締役を選任することを推奨している。先にあげたアムンディ・ジャパンの『社会を変える投資 ESG 入門』では、ガバナンスの重要要素の1つとして「取締役会が求められる知識、能力、専門性を勘案した適切な布陣になっていること」としている(同書 p.45)。環境(E)、社会(S)についての知識、専門性を有した社外取締役ないし取締役から構成される委員会の存在が問われていくことになるだろう。

5.2.2　EU 非財務情報開示指令と TCFD 報告の融合

TCFD は主要国の金融当局の集まりである金融安定理事会によって設立されたものであった。とはいえ、そのタスクフォースの委員長に就いたのはブルームバーグ創業者のブルームバーグ氏であり、国の代表が議論したのではない。その結果、短時間の間に策定され、かつ広い民間金融実務関係者の知見が反映された内容となった。他方、パリ協定や国連人権指導原則のように国家間交渉の成果ではないため国に義務を課す力はなく、最終報告はあくまで任意の準則に留まった。

この構図を EU が大きく変えつつある。

欧州委員会の持続可能な成長ファイナンスに関する行動計画(p.110)のアクション9は「非財務情報開示ガイドラインを改訂し TCFD と整合性をとる」としている。非財務情報開示指令ガイドラインに TCFD 報告の内容を取り込み、統合・整合化を図る取組みが進められ、EU の非財務情報開示開度ラインの改訂版が 2019 年 6 月に欧州委員会のコミュニケーションとして発表された。

この EU 非財務情報開示指令ガイドラインと TCFD 報告の「融合」(図表 5.4)は、大きく3つの意味がある。まず、民間の知恵と政府の強制力の結合。民間主導でつくられたボランタリーなガイドラインが EU という世界有数の市場で一定規模以上の企業に義務づけられ、直接間接に EU 以外の企業にも影響が及ぶことである。

2つ目は、先のダブルマテリアリティにも通じるが、サステナビリティの2つの方向性を融合したことである。TCFD 報告は資金提供者の視点でサステ

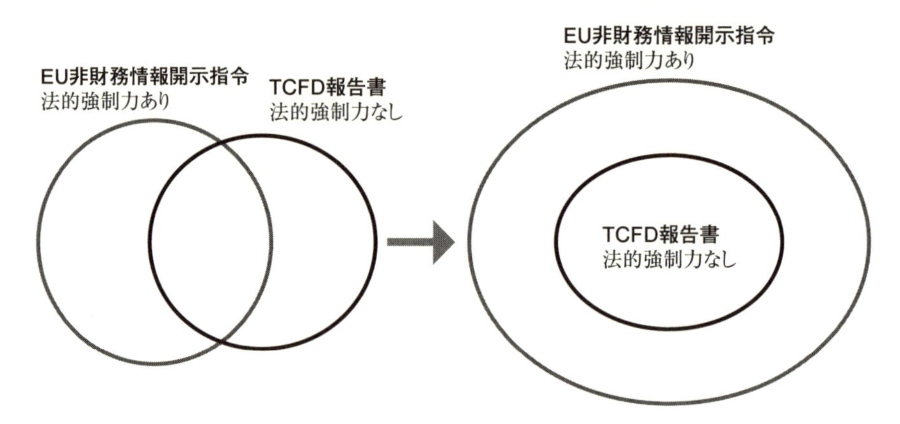

図表 5.4　EU 非財務情報開示指令の TCFD 報告取込み

ナビリティを捉えている。つまり、気候変動が企業価値にどのような影響を及ぼすかである。一義的関心は市場が気候変動関連リスクを適正に判断できるようにすることである。他方、EU の非財務情報開示指令の目的は企業が気候変動その他環境社会に与えるインパクトについての理解を広く促進することにある。この場合のサステナビリティは「環境や社会のサステナビリティ」である。

この点を EU の“Report on Climate-related Disclosures”は次のように述べている(カッコ内は筆者注)。

> 「TCFD の報告は気候変動の物理的影響と低炭素経済、気候変動に強靭な経済への移行が企業に与える影響に焦点を絞っている。(他方)EU 非財務情報開示規制は企業の活動のインパクトを理解するために必要な限りにおいて、非財務情報の関連性を評価する際の考慮要素を(財務関連の要素に)追加した。(中略)双方のコンセプトは相互にリンクしており、新しく提案されたガイドラインは双方のアプローチを扱っている」
>
> (出典)EU Report on Climate-related Disclosures

3つ目が、TCFD 報告書と EU 非財務情報開示の融合によるレポーティング時間軸の延長である。気候変動やそれがもたらす経済社会の変化の企業のパフォーマンスへの影響は多くの場合中長期的に表れてくる。したがって、将来のシナリオが適切に描かれていることが重要になる。TCFD 報告書はシナリオ分析について、

「シナリオ分析は、気候変動関係のリスクと機会の戦略的含意を理解するうえで重要で有益なツールである(p.25)」

としている[1]。

EU 非財務情報開示規制にも「引き起こす可能性が高い影響」の記載が要請されている。しかし、主たる関心は企業が現に与えているマテリアルなインパクトにあり、将来については特定の影響が引き起こされることが相当程度確実視される近い将来が念頭に置かれている。TCFD 報告書を EU が取り込むということは、すなわち EU 非財務情報開示規制に中長期の時間軸及びシナリオ分析を取り込むことを意味する。この「中長期」のシナリオこそ既述したとおり ESG 投資機関が最も必要としている情報である。

5.2.3 新しい開示

TCFD 報告書と EU 非財務情報開示指令の開示事項を比べてみると以下の図表 5.5 のようになる。EU 指令は(1)ビジネスモデル、(2)方針とデューデリジェンス・プロセス、(3)成果、(4)主要リスクとそのマネジメント、(5)キーパフォーマンス・インディケーター(KPI)の 5 項目の開示を義務づけている。

多くの企業が EU の非財務情報開示の義務を負っていると同時に TCFD に参加し TCFD 報告書に基づいて開示を行っている。単一のレポーティングで行おうとすれば、2 つの開示規範の要求事項を満たしつつ、かつ理解困難なものにならないようにしなければならなかった。

次に図表 5.6 を見ながら改訂された EU ガイドライン(以下「EU 改訂ガイドライン」と呼ぶ)がどのように TCFD 報告書を受け止めているかを解説したい。なお、EU 改訂ガイドラインの開示事項は二層構造をなしている。

1 つは、使用を検討すべき(“should consider using”)開示項目。もう 1 つは、

図表 5.5　気候関連情報の開示 Table 2

非財務情報開示指令と TCFD 報告	
非財務情報開示指令のエレメント （広範なサステナビリティアプローチ）	TCFD 報告（個別的な気候変動アプローチ）
(1)　ビジネスモデル (2)　方針とデューデリジェンス (3)　成果 (4)　主要リスクとマネジメント (5)　キーパフォーマンス・インディケーター（KPI）	(1)　ガバナンス (2)　戦略 (3)　リスクマネジメント (4)　メトリクス（計測単位）と目標

（出典）EU：*Report on Climate-related Disclosures*, p.12, 2019.

TCFDが推奨する開示		EU非財務情報開示ガイドライン：ビジネスモデル	方針とデューデリジェンスプロセス	成果	主なリスクとマネジメント	キーパフォーマンスインディケーター
ガバナンス	a）取締役の監督		■			
	b）執行の役割		■			
戦略	a）気候変動関連リスクと機会				■	
	b）上記のインパクト	■				
	c）組織戦略の強靭性	■				
リスクマネジメント	a）特定とアセスのプロセス				■	
	b）マネジメントプロセス				■	
	c）リスクマネジメント全般の統合				■	
メトリクスと目標	a）アセスのメトリクス					■
	b）温暖化効果ガス排出量			■		
	c）目標			■		

（出典）European Commission : *Official journal of European Commission*, 20. 6. 2019,
https://eur-lex.europa.eu/legal-content/EN/TXT/?uri=uriserv:OJ.C_.2019.209.01.0001.01.ENG&toc=OJ:C:2019:209:TOC

図表 5.6　EU のガイドラインの開示と TCFD のマッピング

開示することを検討するとよい（"may consider including"）項目である。

本書では便宜上、2つの開示項目を「開示すべき項目」と「開示が推奨される項目」とし、以下、開示すべき項目を中心に検討していきたい。

(1)　ビジネスモデル

「ビジネスモデル」の開示すべき項目は以下の3項目である。なお、開示が推奨される項目は天然資源への依存度など6項目ある。

①　気候変動関連のリスクと機会のビジネスモデル、財務計画及び戦略へのインパクト（気候変動⇒事業）
②　ビジネスモデルが気候変動に与える正と負のインパクト（事業⇒気候変動）
③　2℃シナリオと2℃を超えるシナリオ双方に関するビジネスモデルと戦略の強靭性

①と③はTCFD報告の「戦略」の各々b)とc)に当たる（図表5.6）。

(2)　方針とデューデリジェンス・プロセス

方針とデューデリジェンス・プロセスに関する開示すべき4項目をヘッドライン的にまとめると以下のとおりである。

①　気候変動に関する方針
②　ターゲットとりわけ温暖化ガス排出ターゲット
③　取締役会の監視
④　マネジメントの役割　　（下線は筆者による）

1つのポイントは、③取締役会と④執行側（マネジメント）の役割を明確に区別していることであり、これはTCFD報告の「ガバナンス」のa)とb)の項目を取り込んだためである（図表5.6）。

なお、デューデリジェンス・プロセスは9つの開示が推奨される項目の1つとして整理されている。

(3)　成果（アウトカム）

改訂 EU ガイドラインの「成果」に関する開示すべき項目の概略は以下の２つである。TCFD「メトリックスと目標」の b）と c）に該当する。

①　気候変動の方針の成果 ②　温室効果ガス排出量の推移

(4)　主なリスクとリスクマネジメント

主なリスクマネジメントに関する開示すべき項目は以下の４つである。開示が推奨される項目は実際にとられている適応措置など 14 項目にのぼる。

①　短期、中期、長期それぞれの気候関連リスク認識のプロセスと「短期」、「中期」、「長期」の定義 ②　バリューチェーン全体の短期、中期、長期それぞれの主要な気候関連リスク ③　気候関連リスクマネジメントのプロセス ④　気候変動リスクの管理の全般的リスク管理への統合。気候関連リスクを他のリスクとの比較においてどの程度の重要性をおいているかを含む。 （下線は筆者による）

ポイントは①、②に見られるとおり時間軸が「中期」、「長期」まで延ばされ、かつての定義が求められていることである。TCFD 報告の「戦略」及び「リスクマネジメント」の顕著な影響である。

(5)　キーパフォーマンス・インディケーター（KPI）

EU 改訂ガイドラインの KPI 項目は TCFD 報告の「メトリクスと目標」の a）に対応する。KPI は戦略やリスクマネジメントなどの他の開示項目やストーリーと関連づけて開示することが望ましいとされているが、加えてすべての

KPI を一覧性のある表にして開示することも勧められている。

開示すべき KPI は以下のとおりである。

① 温室効果ガス排出量

② エネルギー

③ 物理的リスク

④ 製品とサービス

⑤ グリーンファイナンス

⑥ その他(特定の産業の特性に応じたインディケーターなど)。

さらに、

⑦銀行と保険会社専用の開示項目

がアネックスとして追加されている。なお、①から⑤のインディケーターの内訳は以下のとおりである。

① 温室効果ガス(GHG)排出量

- スコープ 1(自社の排出量)
- スコープ 2(消費電力の発電にともなう排出量)
- スコープ 3(バリューチェーン全般に関する排出量)
- 排出絶対量の削減目標

② エネルギー

- 全エネルギーの消費量　及び／もしくは　再生可能及び非再生可能エネルギーの製造
- エネルギー効率目標
- 再生可能エネルギーの消費量　及び／もしくは　製造量の目標

③ 物理的リスク

- 気候リスクにさらされやすい地域にある資産の比率

④ 製品及びサービス

- 気候変動の緩和か適応に実質的に貢献しているとの EU タクソノミー基準(後述)を満たす活動に関係する製品及びサービスの総売り上げに占める割合

及び／もしくは

- 同じく EU タクソノミーの基準を満たす活動に関係する投資　及び／もし

くは　支出の全体に占める割合

⑤　**グリーンファイナンス**

- 気候変動関連グリーンボンドの社債発行総額に占める割合

及び／もしくは

- 気候変動グリーン債務の借入総額に占める割合

なお、上記各 KPI ごとに開示が推奨される項目も指定されている。最も関心が高い温室効果排出量に関する、開示が推奨される項目のポイントをまとめておく。ただ、温室効果ガス排出量についての開示が推奨される項目は性格的にはむしろスコープ１～３の開示方法の技術的原則に近い。

〈スコープ1排出量〉

- 企業はスコープ１の排出量を 100% 開示すべきである。
- もし部分的に信頼すべきデータが入手できない場合にはその部分についての排出量を推計して全排出量を算出する。
- 推計を行った場合には、データが入手できなかった理由、推計に依存した割合、推計方法などを開示すること
- 適切な場合、国・地域、ビジネス領域、子会社に分けた排出量の開示

〈スコープ2排出量〉

- 報告範囲の中で排出量が測定ないし推計できない排出源があった場合にはその旨の説明をすべき。
- 適切な場合、国・地域、ビジネス領域、子会社に分けた排出量の開示

〈スコープ3排出量〉

- 上流から下流まで含むバリューチェーン全体の排出量の開示というスコープ３開示の適切性（relevance）を損ねるような計測対象の除外をすべきではない。
- スコープ３排出量の開示から除外されているカテゴリーがあれば説明すべき。
- 中小企業がバリューチェーンに含まれている場合には、当該企業を支援することが奨励される。

以上が改訂版EUガイドラインの概略である。TCFD報告書は新しいEU非財務情報開示ガイドラインに溶け込み、EU企業に課せられた非財務情報開示のスコープを拡げるとともに実質的に法的な位置づけを得ることとなったのである。

5.3 「タクソノミー」とは

5.3.1 タクソノミーフレームワーク規制案のアウトライン

(1) タクソノミーフレームワーク規制案の背景

サステナブルファイナンス行動計画のアクション1、最優先課題はタクソノミーであった。2018年5月に欧州委員会は「持続可能な投資を促進するための枠組みの確立に関する規制」の欧州委員会案を欧州議会と欧州理事会に提出した。英文では“Regulation of the European Parliament and of the Council on the establishment of a framework to facilitate sustainable investment”であるが、一般に「タクソノミーフレームワーク規制」と呼ばれている。

ここで言う「タクソノミー」とは既述のとおりサステナビリティに対する貢献の実質の有無の判断基準である。注意を要するのは、TCFD報告やEU非財務情報開示開度ラインが企業を1つの単位とした開示原則であるのに対し、タクソノミーが対象にするのは、あくまで個別の製品、技術、さらに行為であり、企業全体の評価を行おうとしているものではない。この点は混同してはいけない。

他方、同時に両者は有機的につながっている。例えば、EU改訂ガイドラインが設定した製品及びサービスに関するKPIの1つに「全売り上げに占める気候変動の緩和、適応に実質的に貢献する製品及びサービスの売り上げの比率」があるが、分子は気候変動に関するタクソノミー基準を満たす製品及びサービスの売上高の総和であることが求められている。このような形でタクソノミーは企業全体としての環境貢献を厳密に計測することを可能にするものでもある。

パリ協定実現のための各国政府は政策を立案実施していかなければならない。本提案はEUとしての対策の1つである。また、EUはSDGsの推進に大きな力を入れており（第１章で見たとおりCSR政策もSDGs政策の一部として再構成されている）、本提案もSDGs実現の方策としても位置づけられている。
「タクソノミーフレームワーク規制」の規制を直接受ける主体は以下の２者である。

- EU加盟国政府
- 金融市場参加者

加盟国は環境的にサステナブルなものとして市場で提供される金融商品に政策を講ずる場合にはタクソノミーに合致した措置としなければならない。金融市場参加者もサステナブルと銘打った金融商品を提供する場合に規制の対象となる。

(2)　サステナブルな活動と認められるための基本条件

環境上サステナブルな活動であると規制上認められるためには３つの基本条件をクリアしなければならない。
第１の条件は、６つの目標カテゴリーの少なくとも１つに合致することである。カテゴリーは以下の６つである。

６つの目標カテゴリー

①　気候変動の緩和
②　気候変動への適応
③　水資源と海洋資源の持続可能な使用と保護
④　循環経済への移行、廃棄防止及びリサイクル
⑤　汚染の防止と管理
⑥　健全な生態系の保全

第２の条件は足切り条件のクリアである。仮に上記の目的いずれかにかなう活動だとしても下記２つの条件を両方とも満たさなければ失格となる。

クリアすべき条件

- 他の環境目的を著しく害さないこと(例えば循環経済への移行に合致するが、他方で生態系を著しく害してしまうような事業はダメ)
- 最低限のセーフガード(ミニマムセーフガード)措置が講じられていること

ミニマムセーフガード措置の典型例は強制労働や結社の自由などの労働者の人権の侵害が起こらないよう対策がされていることである。例えば、健全な生態系の保全に実質的に資するプロジェクトであっても現場で労働者の人権侵害があれば「環境上サステナブル」なプロジェクトとは認められない。ミニマムセーフガード達成のためにクリアすることが求められる基準は、以下の3つの規範の遵守である。

ミニマムセーフガードとして遵守が求められる規範

- ILO 労働基本的原則・権利宣言
- OECD 多国籍企業ガイドライン
- 国連人権指導原則及び国際人権憲章

このうちOECDガイドライン、国連人権指導原則及び国際人権憲章は欧州委員会提案には含まれていなかったが、欧州議会における審議で追加された。国連人権指導原則の遵守がミニマムセーフガードに入ったということは、サプライチェーンの人権デューデリジェンスを行っていなければ環境的に優れた事業や技術であってタクソノミー規制上そのように認められないことを意味する。サプライチェーンの人権対策の大きな促進要因となるだろう。

第3の条件は、「欧州委員会が別に定める技術的スクリーニング基準を満たしていること」である。技術的スクリーニング基準とは日本でいえば法律の細部を定めるために省庁が発する省令のようなものである。

この「欧州委員会が別に定める技術的スクリーニング基準」は、「タクソノミーパック」と呼ばれ、TEG(Technical Expert Group on Sustainable Finance：サステナブルファイナンスに関する技術専門家グループ)が策定にあたり2019年6月に最初の報告書が提出された。なお、TEGの作業は2019年末まで続けられ2020年以降、TEGの作業は「プラットフォーム」と呼ばれる常設機関に引き継がれ、個々の基準の新設、見直しが恒常的になされていくことになる。

では、6つの環境目標毎の行為類型をより詳細に見てみよう。

5.3.2　6つの環境目標に資する活動

(1)　気候変動緩和への実質的貢献

タクソノミーフレームワーク規制案は「①気候変動の緩和」から「⑥健全な生態系の保全」まで6つの目標をまず示し、それぞれの目標に資する行為を限定列挙している。

①気候変動の緩和の関連条文の表題は「気候変動緩和への実質的な貢献」である。単なる「貢献」ではなく「実質的な貢献」となっていることがポイントである。「実質的な(substantial)な貢献」とはどの程度の貢献をさすのか。法案の条文では明らかになっていないが、少なくとも「何がしかでも貢献する活動であればOK」とはならないことだけは、はっきりしている。どこかに「実質的な貢献」と「実質的とまでは言えない貢献」の線が引かれる。この線の位置こそが企業にとって死活問題となる。この線引きを担うのが「欧州委員会が別途定める技術的スクリーニング基準」としての「タクソノミーパック」である。

気候変動緩和のカテゴリーに戻ろう。プロセスイノベーションとプロダクトイノベーション双方が含まれるとされたうえで、タクソノミーフレームワーク規制には次の行為類型が限定列挙されている。

気候変動緩和への実質的貢献

① 再生可能エネルギー、気候変動に中立的なエネルギーの供給、貯蔵もしくは使用。なお、エネルギーの著しい節約をもたらす潜在力のある革新的技術の使用や必要となる電力グリッドの強化もこの行為類型に含まれる

② エネルギー効率の改善

③ クリーンないし気候中立的なモビリティの拡大
④ 再生可能材料への切り替え
⑤ カーボンキャプチャーアンドストレージ(CCC)の拡大と使用
⑥ 人為的活動に起因する温室効果ガス排出のフェーズアウト
⑦ エネルギーシステムの脱炭素化に必要なエネルギーインフラの整備
⑧ 再生可能もしくは炭素中立的な原料からクリーンで効率的な燃料を製造すること

①から⑧までのリストを見てどのような印象を受けるだろうか。②にエネルギー効率の改善が含まれているので省エネ技術を磨いていけば問題ないと感じるだろうか。

上記、自社の事業が<気候変動緩和への実質的貢献>の8つの行為類型に当てはまっていても安心するのはまだ早い。「実質的貢献」のハードルの高さは後に取り上げるタクソノミーパックの中身次第である。2019年6月の報告に先立ってステークホルダーコンサルテーションにふされた草案では、交通分野のエネルギー効率の改善に「実質的に貢献する」技術として記載されたのはノンエミッション(排ガスゼロ)技術のみであり、関係産業界に衝撃が走った。今後の審議などまだ不確定要素は残されているが、いずれにしても気候変動緩和への貢献の類型はこの①から⑧を中心に法定されつつある。

(2) 気候変動適応への実質的貢献

気候変動への適応とは、気候変動が食い止められなかった場合、実際に引き起こされるであろう事態への事前対処のことである。ある状態を想定したうえでの話であるので、気候変動適応に関する実質的貢献は比較的抽象的に2つの類型が規定されている。

気候変動適応への実質的貢献

① 気候変動が引き起こす可能性がある特定の場所や文脈における経済活動に対する負の影響を防止するか削減すること
② 経済活動が行われている環境(自然環境、人工的環境の双方)に対して

気候変動がもたらす可能性がある負の影響を防止するか削減すること

(3)　水・海洋資源の持続可能な使用と保全への実質的貢献

日本は官民あげてインフラ輸出に取り組んでいるが、中でも有望視されている分野が「水関係」である。日本の技術が「水の持続可能な使用や保全」に実質的に貢献することを相手国や金融機関から認められることは輸出を後押しするだろう。以下の５つが水資源関係の行為類型の概略である。

水・海洋資源の持続可能な使用と保全への実質的貢献
①　都市・産業排水から海洋環境を守ること
②　飲料水の汚染から人の健康を守ること
③　水の浄化
④　水の効率改善、水の再利用の促進、その他水資源の質の改善に資すること
⑤　海洋生態系が生み出す便益(marine ecosystem services)の持続可能な使用、海洋水の環境改善への貢献

(4)　循環経済・廃棄防止・リサイクルに対する実質的貢献

循環経済に関する行為類型は広範である。製品評価の基準としてリサイクル容易性やアップグレーダビリティなど新しい尺度が登場するであろう点も含め、循環型経営への転換を促す内容である。11項目の概略は以下のとおりである。

循環経済・廃棄防止・リサイクルに対する実質的貢献
①　製造工程における原材料の効率的な使用
②　製品の耐久性、修理可能性(repairability)、アップグレード性(upgradability)、再使用性の向上
③　製品のリサイクル性能(recyclability)の向上
④　材料や製品に含まれる有害物質の削減
⑤　製品の使用期間を長くすること。リユース、リマニュファクチャリン

グ(remanufacturing)、アップグレード、修理、シェアリング
⑥ 再生原材料の使用の拡大、再生原材料の質の向上
⑦ 廃棄物の削減
⑧ 廃棄物の再利用、リサイクルに向けた準備の増進
⑨ 廃棄物の焼却及び廃棄を避けること
⑩ 不適切な廃棄物管理に起因するゴミ、その他の汚染を回避し清掃すること
⑪ 自然エネルギー源の効率的利用

①の「製造工程の原材料の効率的使用」についてはバージン原材料の使用の削減と副産物と廃棄材の使用の拡大が例として特記されている。②に関しては製品中の材料のリサイクル性能の向上も含み、また、リサイクルできない製品や材料をリサイクル可能なものに置き換えることや使用を削減することも含まれる。④「有害物質の削減」について、有害物質を含む部材はリサイクル過程で健康被害を引き起こす可能性があり、よってリサイクルの障害となるため、有害物質削減は循環経済促進に資するとされる。上記⑦「廃棄物の削減」については日本でも関心が高まっている食品廃棄物削減への対処も含まれる。

(5) 汚染の防止と管理に対する実質的貢献

汚染の防止管理についての３類型の概略は以下のようになっている。

汚染の防止と管理に対する実質的貢献

① 大気、水質、土壌を汚染する排出の削減(温室効果ガスを除く)
② 経済活動が行われている場所の空気、水質、土壌の改善
③ 化学物質の生産と使用にともなう健康及び環境への負の影響の最小化

(6) 健全な生態系の保全に対する実質的貢献

生物多様性も引き続き重要な環境課題である。生態系の保全については、次のような行為類型に整理されている。

健全な生態系の保全に対する実質的貢献
①　生態系と生態系がサービスを提供する能力の再建と強化
②　持続可能な土地マネジメント
③　持続可能な農業プラクティス
④　持続可能な森林管理

(7)　ブラウン・タクソノミー

環境改善に寄与する事業や企業への融資について金融機関の自己資本規制を緩和する「グリーンサポーティング・ファクター」について紹介した際、同時に「ブラウン・ペナライジング・ファクター」と呼ばれる、環境悪化につながる事業への融資に関する自己資本規制を強化するという「北風」アプローチも議論されている旨も述べた。

実はサステナビリティ・タクソノミーにも同じ構図が見られる。「ブラウン・タクソノミー」と呼ばれる。ブラウン・タクソノミーとは、サステナビリティに著しい負の影響を与える経済活動の類型である。2019年3月には、法的拘束力はないものの、欧州議会で化石燃料、原子力などをサステナブルの定義から完全に排除すべきとの文書が採択されている。結局、2019年3月の欧州議会におけるタクソノミーフレームワーク規制の審議においてブラウン・タクソノミーを導入すべきとの修正提案は否決され、その限りで産業界を安堵させた。

しかし、一方で化石燃料による発電、石油パイプライン建設のような炭素集約度の高い資源へのロックイン効果をもたらす事業、また再生可能ではない廃棄物を生み出す発電は「サステナブルな経済活動と見なさない」という条文が追加された。この「再生可能ではない廃棄物を生み出す発電」は原子力発電をさすものと考えられている。

さらに、ブラウン・タクソノミーも完全に葬られたわけではない。2021年末までに欧州委員会がインパクトアセスメントを行ったうえでブラウン・タクソノミー設定の是非を決定するとの条項が追加されている。EUでは日本と違い議会での採択は法律の確定を意味しない。EUにおける法案策定は欧州議会、欧州理事会、欧州委員会の間で複雑なやりとりをしながら決められていくため規制の正式な採択までまだ議論は続く。タクソノミーフレームワーク規制は確実に多くの日本企業に影響を与える。今後の議論の動向について注視するとともに能動的に議論への貢献も行っていく必要があるだろう。

5.4 タクソノミーパックの衝撃

5.4.1 産業別・アクティビティ別スクリーニング基準

欧州委員会の委嘱を受けて検討を進めてきた「サステナブルファイナンスに関する技術専門家会合(TEG)」は2019年6月に“TAXONOMY Technical Report”と題した英文で414ページに及ぶ報告書を発表した。既述のとおりタクソノミーフレームワーク規制の欧州委員会案は6つの環境に関する目標を設定し、目標毎に当該目標実現に資する行為類型を産業横断的に規定した。2019年6月に発表された“TAXONOMY Technical Report”は具体的閾値などを規定している。なお、本文書に関して以下の2点についての留意が必要である。

① TEG報告はあくまで専門家による検討結果であるので、正式に欧州委員会文書となるまでに今後内容に修正が加えられる可能性があること
② さらに、報告書自体が未完の部分を残していること

②について、今回出された“TAXONOMY Technical Report”は6つの環境目的のうち気候変動関連の2つの目的しか扱っていない。

さらに、気候変動に関しても、例えば、製造業に関して「製造業のスコープはより多くのセクターを対象にするように拡げられる必要がある」と述べているなどさらなる作業の必要性を認めている。したがって、今回の報告は中間段階の生成物として見なければならないのであるが、欧州委員会が膨大なエネルギーを注ぎ込んでいる肝いりプロジェクトでありグローバルな影響も不可避であることから重要なポイントに限り簡潔に内容を検討していく。

以下、一般的な呼称である「タクソノミーパック」を使うが、タクソノミーパックは段階を踏みながら最終的に特定の製品や技術または行為が環境改善に実質的貢献をしているか否かの判定基準を設定する。最初のステップは6つの

環境目標ごとにプラス・マイナス両面で影響が大きい産業の指定である。

タクソノミーフレームワーク規制が行為類型という横糸を設定し、タクソノミーパックは産業という縦糸を入れ、仕切られた格子状の空間に具体的目標値がプロットされていくと考えると構造がイメージしやすいかもしれない。

(1) 産業の特定

産業は気候変動緩和から健全な生態系の保全まで6つの環境目標それぞれ別に指定されている。温暖化緩和の目標を例にとると、以下8つの産業である。

① 農林水産業
② 製造業
③ 電気、ガス、蒸気及びエアコンディショニング供給業（欧州では暖房用に街中に蒸気配管が巡らされている都市が多い）　（カッコ内は筆者注）
④ 水供給、下水・廃棄物処理業
⑥ 運輸及び貯蔵（Transportation and storage）業
⑦ ICT（情報・コミュニケーション）産業
⑧ 建設及び不動産業

(2) 産業ごとのアクティビティの分類と基準値の設定

特定された産業はさらに「アクティビティ」に分けられる。

例えば上記②の製造業の場合アクティビティは

- 低炭素技術の製造
- セメント製造
- アルミニウム製造
- 鉄鋼製造
- 水素製造
- その他の無機基礎化学品製造
- その他の有機化学品製造
- 肥料及び窒素化合物製造
- プラスチック一次原料製造

の9つが指定されている。製造業の場合「アクティビティ」というよりも「セクター」に細分されたと考えた方がわかりやすいだろう。

(3)　メトリクスと最低基準値の設定

「アクティビティ」は基準設定にあたりさらに精緻に細分化されたうえで

- 貢献度を測る適切な測定単位(定量メトリクス)
- 測定単位ごとに「実質的貢献」とみなされる最低限の数値水準(例えば単位あたり排出減少量が○○グラムといった具合)ないし定性的基準が設定される
- さらに足切条件である「他の環境目的を著しく害さない」ことに関する基準も細分化された対象毎に設定される。

例えば、製造業に関するアクティビティのうち「低炭素技術の製造」1つとってみても、基準値の設定にあたっては「再生可能エネルギー関連の製品・部品」、「乗用車・トラック」、「遮熱効果の高い断熱材」、「洗濯機、食洗器などの家庭用電気製品」、「高効率の照明器具」を含むその他多数の製品・技術に細分化され、それぞれごとに測定単位、基準値などが規定されている。

5.4.2　基準値の具体例

具体例をあげてみよう。製造業のアクティビティの1つである「低炭素技術の製造」がさらに細分化された項目の1つである「乗用車」については「温暖化緩和への実質的貢献」の行為類型中の「クリーンないし気候中立的モビリティ拡大」と見なされる基準値が、以下のように2段階で規定されている。

1)　2025年まで

ゼロエミッションビークル及び(エンジン車については)2025年までは排気パイプからの排気のCO_2濃度が1キロメートルあたり最大50gまでの車も可

2)　2026年以降

2026年以降については排気のCO_2濃度が0gの車のみ

温暖化緩和のカテゴリーの⑥のアクティビティ「運輸及び貯蔵業」に目を移すと、運輸及び貯蔵業については、以下の９つのアクティビティが指定されている。

1)　都市間旅客列車

2)　貨物列車

3)　公共交通

4)　低炭素運輸のためのインフラ

5)　乗用車及び商用車

6)　陸上貨物輸送

7)　都市間定期陸上輸送

8)　内水旅客輸送

9)　水プロジェクト建設

このうち、5)の「乗用車及び商用車」は輸送サービスという観点であるが、以下のような基準によって製造にかかる基準と平仄が合わせられている。

- ゼロエミッションビークル
- 2025年までは排気パイプからの排出がある車も１キロ走行あたり最大CO_2排出量50gまでの車は認められる
- 2026年以降は１キロ走行あたり最大CO_2排出量0gの車のみ

他方、「他の環境目的を著しく害する可能性のある」事項は「製造」と「輸送」に応じて設定されている。

まず、乗用車の製造であるが、環境目的への著しい害をなす潜在的要因として有害物質の使用・生成、製造過程での大気・水質・土壌の汚染、レアアースなどの希少金属が使われる場合の採掘にともなう環境被害などが挙げられている。一方、輸送については、エンジン車の場合の窒素酸化物(NOx)などの有害物質の排出、またゼロエミッションビークルを含めた乗用車全般についてタイヤ、ブレーキの摩耗からの微細粒子の排出などが挙げられている。特にタイヤ、ブレーキの摩耗の問題は今後マイクロプラスチック問題とも交差して焦点があたっていくであろう。

その他のアクティビティの例として鉄鋼製造を見ると、原料炭(コークスにする特殊な石炭)と鉄鉱石を使う高炉に厳しく、鉄スクラップを使う電炉が優遇されている。天然ガスでの直接還元製鉄と電炉の組み合わせなど新しい製鉄技術への大きな転換を促す可能性がある。

以上、タクソノミーパックを駆け足で大掴みしてみたが、再度整理すれば、①「環境目的カテゴリーの設定」→②「足切クリア条件(他の環境目的の著しく害さない、国連人権指導原則などの遵守)の設定」→③「環境目的毎の行為類型の設定」→④「目標カテゴリーごとの関連産業の選定」→⑤「産業ごとにアクティビティ(セクター)に分解」→⑥「アクティビティをさらに製品・技術・行為の水準まで細分化し関連する行為類型に関する測定単位の設定」→⑦「測定単位ごとの実質的貢献に当たる基準値の設定」→⑧「他の環境目的を著しく害さない基準の設定」という手順が踏まれる。①から③は「タクソノミーフレームワーク規制」が規定し、④～⑧を「タクソノミーパック」が担う。

5.4.3　タクソノミーパックの潜在的影響力

サステナビリティ・タクソノミー及びタクソノミーパックは、サステナビリティ向上に真に資する事業に資金の流れを向かわせることを直接の目的としている。しかし、その直接的間接的影響範囲は広く、サステナビリティについてのコミュニケーションの土台となっていくと思われる。

例えば、非財務情報に関するレポーティングのユーザーにアセットオーナーやファンドマネジャー、金融機関が含まれている以上、レポーティングにおける使われるワーディングや概念がタクソノミー及びタクソノミーパックと整合的であることが求められていくことはおそらく必然的な流れである。既述のとおり個別の製品、技術、サービスの環境改善への実質的貢献を厳密に定義することはひいては企業全体の環境貢献の度合を厳密に計測することにもつながる。

また、資本市場がグローバルに統合されていることを考えれば、国、地域を超えた比較をするためにタクソノミーパックに基づいた開示が非EU企業にも要求されることも十分想定される。将来のISO化の可能性を含め早晩日本企業にも直接的な影響があることはまず間違いない。欧州委員会はタクソノミーの整備に膨大なリソースを投下している。まだまだ時間は要するであろうが、現在進行形のサステナビリティについての詳細な概念定義の規定という壮大なプロジェクトが持つ潜在的影響を過小評価することは非常に危険である。

第5章の参考文献

[1] TCFD：*Final Rport "Recommendations of the Task Force on Climate-related Financial Disclosures"*, June 2017.

[2] European Commission：*"Consultation Document of the Update of THE Non-Binding Guidelines on Non-Financial Reporting"*, 2019.
https://ec.europa.eu/info/sites/info/files/business_economy_euro/banking_and_finance/documents/2019-non-financial-reporting-guidelines-consultation-document_en.pdf

[3] OECD："Responsible business conduct for institutional investors", 2017.
https://mneguidelines.oecd.org/RBC-for-Institutional-Investors.pdf

[4] アムンディ・ジャパン編：『社会を変える投資 ESG入門』、日本経済新聞出版社、2018年。

[5] European Commission："Consultation Document of the Update of THE Non-Binding Guidelines on Non-Financial Reporting", 2019.

[6] European Commission : *Official journal of European Commission*, 20. 6. 2019,
https://eur-lex.europa.eu/legal-content/EN/TXT/?uri=uriserv:OJ.C_.2019.209.01.0001.01.ENG&toc=OJ:C:2019:209:TOC

[7] EU TECHNICAL EXPERT GROUP ON SUSTAINABLE FINANCE：*Taxonomy Technical Report*, June 2019.
https://ec.europa.eu/info/sites/info/files/business_economy_euro/banking_and_finance/documents/190618-sustainable-finance-teg-report-taxonomy_en.pdf

第6章

SDGsでイノベーション

6.1　SDGsのアウトラインと人気の背景

6.1.1　17のゴール

SDGs(Sustainable Development Goals：持続可能な開発目標)は、2001年に策定されたMDGs(Millennium Development Goals：ミレニアム開発目標)の後継として、2015年9月の国連サミットで採択された「持続可能な開発のための2030アジェンダ」に記載された2016年から2030年までの国際目標である。17のゴール、169のターゲットから構成されている。SDGsはMDGsと異なり発展途上国問題のみならず、先進国の課題も含む点が1つの特徴である。17の目標は次のとおりである(図表6.1)。

(出典)国際連合広報センター：“SDGsのロゴ”、国際連合広報センターHP
https://www.unic.or.jp/files/sdg_logo_ja_2.pdf

図表6.1　SDGs17のゴール

SDGs17のゴール

目標 1.　あらゆる場所のあらゆる形態の貧困を終わらせる
目標 2.　飢餓を終わらせ、食料安全保障及び栄養改善を実現し、持続可能な農業を促進する
目標 3.　あらゆる年齢のすべての人々の健康的な生活を確保し、福祉を促進する
目標 4.　すべての人々への包摂的かつ公正な質の高い教育を提供し、生涯学習の機会を促進する
目標 5.　ジェンダー平等を達成し、すべての女性及び女児の能力強化を行う
目標 6.　すべての人々の水と衛生の利用可能性と持続可能な管理を確保する
目標 7.　すべての人々の、安価かつ信頼できる持続可能な近代的エネルギーへのアクセスを確保する
目標 8.　包摂的かつ持続可能な経済成長及びすべての人々の完全かつ生産的な雇用と働きがいのある人間らしい雇用（ディーセント・ワーク）を促進する
目標 9.　強靱（レジリエント）なインフラ構築、包摂的かつ持続可能な産業化の促進及びイノベーションの推進を図る
目標 10.　各国内及び各国間の不平等を是正する
目標 11.　包摂的で安全かつ強靱（レジリエント）で持続可能な都市及び人間居住を実現する
目標 12.　持続可能な生産消費形態を確保する
目標 13.　気候変動及びその影響を軽減するための緊急対策を講じる*
目標 14.　持続可能な開発のために海洋・海洋資源を保全し、持続可能な形で利用する
目標 15.　陸域生態系の保護、回復、持続可能な利用の推進、持続可能な森林の経営、砂漠化への対処、ならびに土地の劣化の阻止・回復及び生物多様性の損失を阻止する

目標16. 持続可能な開発のための平和で包摂的な社会を促進し、すべての人々に司法へのアクセスを提供し、あらゆるレベルにおいて効果的で説明責任のある包摂的な制度を構築する
目標17. 持続可能な開発のための実施手段を強化し、グローバル・パートナーシップを活性化する

17のゴールはさまざまなイニシアティブや政策と関連している。上記17のゴールのうちグレーで網掛けしたものはその項目の全体または一部についてEUタクソノミーによる概念精緻化が進められている。また、下線を付したゴールは国連人権指導原則と密接に関係している。さらに、EUサステナブルファイナンスはいずれの項目にも関係する。例えば、目標9のサステナブルなインフラ整備はその典型例である。SDGsは関連するさまざまなイニシアティブとともにサステナビリティの世界を立体的に構成する。

6.1.2 SDGs人気の背景

SDGsについては多くの媒体でさかんに取り上げられ社会的認知度も高い。前身のMDGsと比較しても関心の高さは際立つ。その理由について考えてみたい。

(1) 心の安寧：ホットした

1つはSDGsの包括性である。MDGsは発展途上国の問題に焦点を当てているが、SDGsは先進国の抱えている問題までスコープを拡げている。この範囲の違いも両者の間の人気の差の一因だろう。具体性の度合いについても、MDGsの場合ゴールが8つ(図表6.2)、ターゲットが21であったのに対しSDGsは17のゴールと169のターゲットである。企業にしてみればターゲットが多岐にわたるほど事業との関連を見出しやすい。また、策定過程においてもビジネスの声が反映された。このように人気の理由はいくつかあるが、専門家と議論した中でもっとも腑に落ちたコメントは「企業は(SDGsが出て)ホッとしたのですよ」というものだった。「ホッとした」とはどういうことなのか。

極度の貧困と
飢餓の撲滅

普遍的な初等
教育の達成

ジェンダーの平等
の推進と女性の
地位向上

幼児死亡率の
引き下げ

妊産婦の健康
状態の改善

HIV/エイズ、
マラリア、その他
の疫病の蔓延
防止

環境の持続可能
性の確保

開発のための
グローバル・
パートナーシップ
の構築

（出典）国際連合広報センター："MDGsの8つの目標"、国際連合広報センターHP
https://www.unic.or.jp/activities/economic_social_development/sustainable_development/2030agenda/global_action/mdgs/

図表6.2　MDGs 8つの目標

(2)　CSR疲れ

SDGsに先立つCSR関連の状況はどうだったか。気候変動への対応と人権デューデリジェンスへの対処は、CSR部署にとって最大の課題であった。気候変動問題も省エネで済んでいた頃はともかく、「スコープ3の排出量の把握」、「すべてを再生可能エネルギーで賄えるか」などハードルは上がる一方である。追い打ちをかけるようにさまざまな調査機関やNGOからの質問状が毎日のように届く。社内で振り向いてくれる人はほとんどいない。「やらされ感」とでもいえるような一種のCSR疲労が蓄積していた。

そこにSDGsである。SDGsはやらなくてはならない「何か」が特段決められていない。ゴールもターゲットも幅広くさまざまなものがあるので自社の事業をSDGsに関連づけて語ることはそれほど難しくない(先日、美容脱毛の宣伝にSDGsへの貢献がうたわれているのを見かけた)。「ホッとした」というのはある意味での「CSR to do リスト」からの解放感である。社内的にも「この事業はSDGsのこの目標にかなうもので、国際社会に貢献する社会的意義の大きなものである」という説明は誰の耳にも心地よい。SDGsのバッジを襟につけたビジネスパーソンを日本ほど多く見かけるところは珍しいらしい。訪日した外国の友人がいたく感心していた。

SDGsは「やっている感」を醸し出しやすい面がある。受け身の「やらされ感」が主体的な「やっている感」に転化することは大変良いことであるのだが、問題が2つある。

1つはビジネスの「起点」となるべきSDGsがビジネスについてのナラティブ(物語)の「終点」になっていること。もう1つは、SDGsの影で責任ある企業市民として「なすべき」ことが棚上げされかねないこと。当然のことながら本当に「解放」されてしまってはいけないのである。

(3)　新事業の渇望

多くの日本企業がこれからの成長をかけて新事業の開発に取り組んでいる。しかし、右を向いても左を向いても目に入るのはレッドオーシャンばかり。いきおい突破口を社会課題に求める機運が高まっている。そこにSDGsである。実際、多くの会社でSDGsへの貢献を新しいビジネス開拓につなげようと努力がなされている(これがビジネスの「起点」としてのSDGsである)。「社会課題先進国だからこそのチャンス」も語られてきた中、多くの日本企業にとってSDGsは時宜を得た魅力があった。ただ、それだけに一過性のブームに終わらせないようにしなければならない。

貧困層を対象にビジネスを展開と貧困解消の両立をめざしたビジネスモデルとして一世を風靡したBOP(ベース・オブ・ピラミッド)への関心はいつの間にか下火になってしまった。理由はシンプルである。BOPビジネスに挑戦した企業は多かったものの期待されたほど成果が出なかったのである。SDGsが同じ軌跡をたどらないようにするにはどうすればよいのだろうか。

6.2 ビジネスの視点からSDGsを考える

6.2.1 競争のあり方が変わる

JETROはSDGsに関する調査レポートにおいて次のように分析している[3]。

> 近年、自由貿易やグローバリゼーションが問われており、ビジネスのあり方が議論されるWTOやWEF(世界経済フォーラム)の場でもSustainability(持続可能性)やInclusiveness(包摂性)が主たるテーマとなっている。こうした趨勢は、ビジネス主体である企業や投資家にもグローバルな課題と対峙させ、それらの解決に向けた行動を促そうと、国際社会の規範 意識に変化を引き起こしている。多元的価値の調整が難航する中で、国連機関、同志国・グループ(企業、NPO/NGOs)等が主導するかたちで、新たなガバナンスづくりが進められている。これらの多くは公益性や規範をビジネスのルール(または事業評価のモノサシ)に組み入れる動きであり、企業競争のあり方を変化させるという側面から、国際ビジネスにも大きなインパクトをもたらし始めている。我が国企業が貿易投資を通じて利益を拡大させていくためには、このようなルール形成のトレンドを俯瞰的に認識しながら、互いに相関する各々のルールに対しての立ち位置(経営のポジショニング)を定めていく必要がある。 (下線は筆者による)
>
> (出典)JETRO「企業のサステナビリティ戦略に影響を与えるビジネス・ルール形成」

JETROの指摘は正鵠を得ている。ビジネス視点で見れば、SDGsの17のゴールと169のターゲットは、「競争のあり方が変化する」分野に他ならない。

(1) 社会課題とマーケットニーズ

図表6.3は簡単なベン図である。左の楕円(A+C)は社会課題のエリアであり、右の楕円(B+C)はマーケットニーズのエリアである。両者は重なる部分(C)もあるがおおむね別のものである。まず市場ニーズのエリアとはどういうエリアだろう。企業から見て、そこには顧客ニーズが存在し、そのニーズを満たす製品やサービスを適切な価格で提供すれば適正な利潤を含む対価が得られ

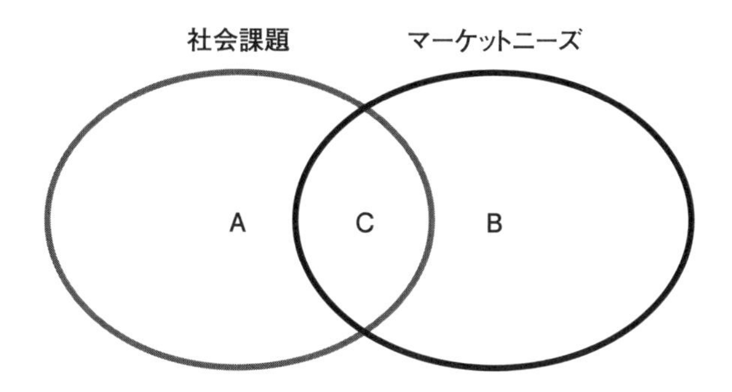

図表 6.3　社会課題とマーケット（市場）ニーズの関係

る「計算」が立つエリアである。もちろん、常にそのような計算が実現するとは限らない。顧客は気まぐれであり競争も厳しい。しかし、少なくともそのような算盤をはじいてビジネスプランを描ける領域が市場ニーズの領域である。

他方、社会課題のエリアは性格が異なる。そもそも「なぜ社会課題が解決されず、依然として課題のまま残っているか」を考えなければならない。もしビジネスを通じて大きな困難なく解決され得る問題であれば、すでに多かれ少なかれ解決されているはずである。アフリカの農村で水不足で困っている人たちが大勢いるが、なぜその問題はほとんど手つかずのままなのだろう。企業が解決しようとしても投資に対する期待される売上げが投資を正当化しないからだ。100 のコストをかけて水不足を解消したとしても対価として得るのは 2 か 3 かもしれない。

このようなことから社会課題はもともと政府が対処すべきものとされてきた。徴税権を有する政府はサービスに金銭的対価を求める必要はない。貧しい人々の水へのアクセスを改善するのは、まずはその国なり地域の政府の仕事である。国家財政が苦しければ国際機関や先進国政府が融資や援助をする、というのが国際的な社会課題解決の基本的なやり方である。本質は今日においても変わらない。

しかし、政府の対応にも限界があり、また政府はイノベーションを生み出す力が弱い。社会課題が深刻化する中でビジネスへの期待が必然的に高まっていく。ただ、社会課題は少なくともこれまでビジネスにならなかったから社会課題として残っているという点は押さえておかなければならない。今も社会課題であり続けているということは、従来のビジネス戦略の延長線上では上手くいかないことを示唆するからである。

(2)　169のターゲットを仔細に検討する

ビジネスのSDGsへの貢献という観点からは17のゴールはもとより、169にターゲットに目を凝らす必要がある。競争状況の変化が具体的に起こる主な「場」は169のターゲットである。

1つ例をあげよう。

目標3は「すべての人に健康と福祉を」である。SDGsのターゲット3.dには

> すべての国々・特に開発途上国の国家・世界規模な健康危険因子の早期警告、危険因子緩和及び危険因子管理のための能力を強化する。

とある。いわゆるパンデミック(感染病の世界的大流行)対策である。

パンデミックの原因となる病気自体の根絶は困難なので、このゴールが述べているのは「早期警告」であり、「緩和」、「管理」する「能力の強化」である。早期に発見し拡散を防止する手段の開発である。このターゲットの実現のためにアメリカ政府は、大きな予算を割き、発展途上国の津々浦々の公共機関にサーモグラフィを設置するプランを進めている。日本でも入国の検疫所で体温を自動測定するサーモグラフィが設置されているが、サーモグラフィを発展途上国の国内に無数に設置することによって早期にパンデミックの兆候を把握し、拡散を防ぐ。地理的に拡散が食い止められ患者が数抑えられれば治療体制を整えることの困難も減ずる。

この目的にかなうサーモグラフィの開発は技術標準の設定とあわせて民間企業が主導して進められているが、参加しているのは欧米企業のみであり、実際に調達となれば機器の基準をあらかじめ満たしている欧米企業の部品や完成品が有利な立場に立つだろう。パンデミック対策というターゲットの実現はあきらかに新しいマーケットの生成と同時進行しているが、同時に競争優位の獲得

の仕方には特徴がある。

ターゲットごとの状況展開(新市場の萌芽)を早期に把握し、そのターゲット実現のために必要であれば他社や政府さらに NGO と協働すること、またそのような協働の枠組みを創っていくことが1つのポイントであり、SDGs を通じたイノベーションの実現への道でもある。

6.2.2　不確実性を減ずる仕組み

企業は新ビジネスに乗り出すにあたり常に不確実性と戦わなければならない。社会課題をビジネスにする場合、企業は各段に高い不確実性のマネジメントが求められる。社会課題のビジネス化のためには高い不確実性(もしくは低い予見可能性)をいかにコントロール可能な範囲に収められるかがポイントとなる。ビジネスモデルをできる限り社会制度の中に埋め込むことが1つの方法である。適切な社会的仕組みをつくっていくことで不確実性を減じていく。図表6.3のベン図の2つの楕円がかさなるところに事業の領域を移していくのである。以下1つ仮想例をあげよう。

【例】リトレッドタイヤを売り込め

タイヤは使っているうちに表面から摩滅していくが、リトレッドタイヤは表面の層だけを張り替えることで新品のタイヤへの交換を不要にするタイヤである。当然使用されるゴムの量はぐっと節約できるので環境に優しい技術である。したがって、リトレッドタイヤはベン図の左側の社会課題の緩和に資する製品である。

他方、この製品は開発されたばかりで価格が3割ほど高かったとしよう。新技術を活用した環境に優しい製品にはよくあることである。潜在的な大口顧客は運送会社ということになるが、環境に良いということはわかったとしても、輸送業界は競争の激しい業界である。環境上のメリットがあるとはいえ、タイヤの価格3割増はなかなか受け入れられない。つまり、リトレッドタイヤには市場ニーズがない。図表6.3のベン図のAの領域にプロットされる。しかし、会社としてはCの領域に移す戦略を練らなくてはならない。どうすればよいのか。

1つ、こういう案はどうだろう。ウォルマートがリードして欧米のメガリテーラーと呼ばれる大規模小売が連携し共通調達ルールを策定している(実際に行われている)。テーマはサステナビリティである。さまざまなルールが検討されている。実はその中に調達トラックの環境インパクトの低減もテーマになっている。軽量化のためにカーボン荷台に使う可能性までも議論されている。さて、アメリカでもヨーロッパでも無数の巨大トラックがハイウェイを疾走している。このタイヤをリトレッドタイヤに替えれば環境効果は相当なものだろう。もしあなたがリトレッドタイヤ事業の責任者であれば、どこに行くのか？　まずウォルマートにいき、ルール作りに参加するのだ(これも実際可能である)。大半のメガリテーラーの共通ルールなので価格の問題も大きな障害にならない。晴れて調達ルールにリトレッドタイヤの使用が条件として明記されたとしよう。運送会社とあなたの会社との立場は一変する。運送会社は今やリトレッドタイヤを使わなければメガリテーラーの仕事がとれないからである。この時リトレッドタイヤはどの象限に属しているだろう。Cである。社会課題と市場ニーズのサークルが重なる領域に移動させることに成功したのである。

6.2.3　SDGsに向けた資金の流れ

SDGsビジネスにはさまざまな追い風がある。1つはファイナンスである。すでにEUのサステナブルファイナンス政策については概説した。現在のタクソノミーフレームワーク規制の案は環境問題に対象が限られているが、最終的にEUはSDGsの全体まで拡げる意向である。2018年のハイレベル専門家会合報告書は次のように述べている。

「もしヨーロッパが持続的成長のために大規模な資金を動員しようとするならば、何が『持続可能』なのかを明確にする技術的にもしっかりした分類システムが必要である。このシステムはパリ協定とSDGsに明確にリンクした広範囲の行動、投資、資産をカバーするものになるだろう」

インデックス規制についてもしかりである。気候移行ベンチマークとパリ協定整合的ベンチマークがつくられているが、将来的にSDGsに関するベンチマークの整備を行うことが提言されている。

日本でもSDGsへの貢献度が高い企業に投資する投資信託が設定され始めたが[4]、貢献度を計る尺度ははっきりしない(美容脱毛は含めるべきなのか否か、判断する基準はどこにもない)。EUは実質的貢献の基準を明確にし、SDGsのゴール、ターゲットの実現に実質的に貢献する企業だけで構成されるベンチマーク・インデックスが策定されることになるだろう。SDGsのゴール、ターゲットの実現に真に取り組む企業に資金が傾斜的に提供されていく市場環境が整備されていくことになる。

6.3　公共利益と利潤の両立のためのルール形成戦略

6.3.1　社会に働きかけて市場を創る

6.2.2項で紹介したリトレッドタイヤの仮想例のように、社会に働きかけることで自社の技術や製品のマーケットをつくり出すことがポイントだ。社会を変えることから打ち手は始まる。アップルは公共政策への貢献という観点から次のように述べている[5]。

> 1つの会社が世界の課題を解決することはできない……アップルは2016年、人々をインスパイアすることにより力点を置いた。それは公共政策に影響を与えることであり、自社のビジネスという境界線を越えたグローバルなアウトカムを改善するための貢献である。(中略)法制化の努力をアドボカシーを通じて支援している。
>
> (出典)アップル環境責任報告書

アップルが述べているとおり大きな課題であればあるほど1社で解決することは困難である。「人々をインスパイア」し、「法制化の努力をアドボカシーを通じて支援」するのは後に紹介するCSV実現の最新の方法論として提起されている「コレクティブ・インパクト」と重なる。

(1)　持続可能な農業とGAP

SDGsのゴール2には次のようにある。「飢饉を終わらせ、食料安全保障及び栄養改善を実現し、持続可能な農業を促進する」。日本には彩りも滋味も豊かな日本食という強みがある。是非日本も世界的な食糧問題の解決に貢献したい。食糧安全保障も日本には馴染みの目標である。

しかし、ことはそう簡単ではない。日本で開催される国際的イベントに日本の食材を提供することにさえ、疑問符がつけられたのだ。落とし穴はこのゴール2の「持続可能な農業を促進する」の一文にある。そもそも持続可能な農業とはどういう農業であろうか？　これがあいまいでは目標の意味も半減してしまう。

ヨーロッパはこの「持続可能な農業」の標準策定をリードしグローバルスタンダードにすること、言い換えれば「持続可能な農業」という概念に統一した定義を与えることに成功している。この定義は、「GAP」と呼ばれる。GAP(ギャップ)とは、GOOD(適正な)、AGRICULTURAL(農業の)、PRACTICES(実践)の頭文字をとったもので世界120カ国以上に普及。欧米の大手小売をはじめ、日本の一部の小売でも認証を取得した生産者からの仕入れを優先している。

GAPに適合した農業生産を、世界に広めていくことがSDGsのゴール「持続可能な農業の促進」に資するということになる。SDGsの目標に標準をかませたところにヨーロッパの戦略性がある。ヨーロッパの農家も食品産業もGAPによって競争力強化とSDGsへの貢献を両立しているのである。

(2)　ダイキンの成功

日本企業にもルール形成によって社会課題を解決しながら市場で成功を勝ち取ろうとする企業が出てきている。SDGsのターゲット7.3は「2030年までに世界全体のエネルギー効率の改善率を倍増させる」である。

インバーター技術はエアコンの室外機の回転速度を可変にして外気温の変化に応じて最もエネルギー効率のよい運転を可能にする技術である。インバーター技術がなければ頻繁にオンオフを繰り返し、電気を無駄にすることになる。

他方、この技術のエネルギー効率の良さは外気温が変化するだけの長時間運転のテストをしなければ数値上には表れにくい。

ダイキンは中国において資本提携したパートナー企業とともにエアコンの省

エネ性能の試験方法の変更を中国政府に働きかけ、インバーター技術が正当に評価される試験方法の導入と省エネ基準の改正に成功した。以降、同社の中国でのエアコンの売り上げは急速に伸びた。

(3) 中古エンジンを適正価格で販売するためのルール形成

循環経済の観点から今後中古部品の再利用がさまざまな観点から進められることになる。SDGs ターゲット 12.5 は「2030 年までに、廃棄物の発生防止、削減、再生利用及び再利用により、廃棄物を大幅に削減する」である。自動車の中古エンジンの海外販売を手掛ける会宝産業は、中古エンジンの市場評価が適正になされないことという問題に突き当たった。中古エンジンといっても日本の中古車のエンジンはよく整備されており耐久性も高い。しかし、国際市場では中古車のエンジンというだけで一括りにされ値付けされてしまう。あまりに品質の悪い中古部品の多さに輸入禁止を検討する国も出てきた。そこで同社は自動車の中古部品の品質を客観的に評価する国際規格の策定に取り組み、イギリス規格協会発の国際規格の策定に成功した。品質に応じた価格付けがなされることが可能になり、ビジネスの拡大とエンジンなどの自動車部品のリユースが促進される環境を自分の手でつくったのである[6]。

会宝産業のホームページは以下のように成功を語っている。

海外における自動車リサイクルの提案

これまで自動車部品には品質を評価する基準がありませんでした。結果、再利用できるものからできないものまで、さまざまな品質の部品が流通していました。そのため、例えばケニア政府などは中古自動車部品の輸入禁止を検討していました。その状況を知った会宝産業は中古自動車部品規格基準「JRS(国際規格 PAS777)」を設け、規格に適合した中古部品のみ輸入することを提案しました。このように私たちのノウハウは世界各国に導入可能なモデルとして各国から注目を集めています。

(4) 中古 EV の試練を克服する

会宝産業の成功例は、広く応用可能である。

1つはEVである。EVの抱える大きな問題はリセールバリューが低いことである。原因は中古EVの電池の性能(寿命など)への消費者の不安にある。この点の評価手法を国際的に確立し、長持ちする良い電池を積んだEVの中古価値が正当に評価されるようになれば日本製EVの競争力に大きなプラスになるだろう。思い起せばかつて知名度の低かった日本車が米国市場でシェアを伸ばしていった大きな要因の1つはリセールバリューの高さだったのである。

(5)　医療ビッグデータ

SDGsゴール3は「あらゆる年齢のすべての人々の健康的な生活を確保し、福祉を増進する」である。しかるに日本は医療ビッグデータで世界の最先端を行く。これも企業による従業員の健康診断が義務化されていればこそである。大量の健康関連データが収集分析されること、またその応用も可能である。ここで培った経験とノウハウを海外市場でも活用したい。世界中の人々が健康な生活を送ることへの貢献であり、かつ大きなビジネスチャンスである。しかし、問題がある。従業員に健康診断を受けさせることが企業の義務である国は日本以外ほとんどない。そもそも多くの国では「定期健康診断」という概念そのものがない。各国の法律を1つひとつ変えていくことは大変である。もう少しソフトな手法で健康診断ないし健康に関するデータの活用が社会的に求められる環境をグローバルにつくっていくにはどういう手があるのか。現在関係者がさまざまな取組みを行っている[6]。

6.3.2　3つのボールの順番

(1)　社会に働きかける

目の前に3つのボールがあるとしよう。それぞれに刻印が打ってあり、1つには「企業」、1つには「製品・サービス」、もう1つには「社会」とある。この3つのボールを自由に並べて簡単なストーリーを作れ、といわれたとしよう。大半の場合はこういうストーリーである。「企業がより良い製品・サービスを提供することを通じてより良い社会が実現する」

つまり、ボールの順番は企業→製品・サービス→社会となる。ただ、SDGsのゴール、ターゲットをビジネスで解決しようとすれば、もう1つ別の並べ方

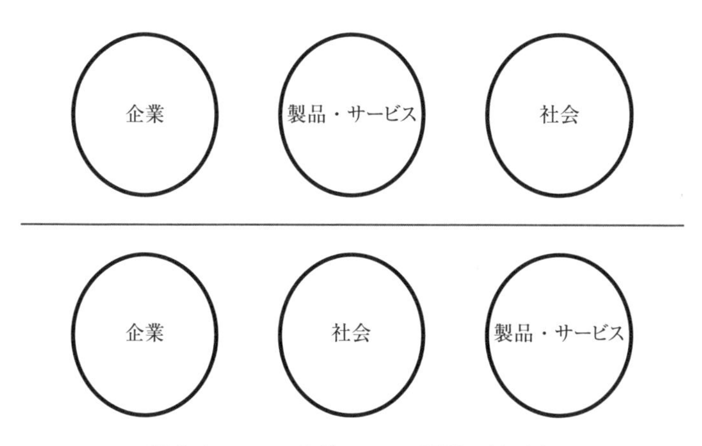

図表 6.4　3 つのボール、2 通りの並べ方

も考えてみる必要がある（図表 6.4）。まず、企業がある。次に社会を置く。そして製品・サービスが最後にくる。

インバータエアコンも中古エンジンも社会のルールを創造・変革して収益性と環境への貢献の両立を可能にしたのである。医療ビッグデータも、健康診断が行われない社会に持ち込んでも市場性は限定的だろう。社会を変えながら優れた技術や製品を世に送り出し、そして社会を良くしていく。そういう意味ではボールを１つ増やして「企業→社会→製品・サービス→より良い社会」としてもよいだろう。ビジネスプランを練るにあたり変革する対象として社会制度まで視野を広げられるか、SDGs にビジネスとして貢献できるか否か１つの分かれ目である。

(2)　コレクティブ・インパクト

ビジネスを通じて、SDGs に示された諸課題を解決するためには既存の社会制度を前提として「商品・サービス」を提供するだけでは限界がある。社会に働きかけてルールを創り出すというプロセスを考えなければならない。このことは決してグローバルな大企業にしかできないようなことではない。上記の会宝産業の成功はそのことの証左である。さらに、他企業、NGO、政府その他多様な主体と力を合わせることが目的達成の近道になることも多い。CSV を実現する手法として「コレクティブ・インパクト」という考え方が注目されている。「異なるセクターから集まった重要なプレーヤーたちのグループが、特定の社会課題の解決のため、共通のアジェンダに対して行うコミットメント」と定義されている。慶應義塾大学、政策・メディア研究科特別招聘准教授の井上英之氏は従来型の協働との違いを５つ指摘する[7]。

① その課題に取り組むためにかかわり得るあらゆるプレーヤーが参画していること
② 成果の測定手法をプレーヤー間で共有していること（下線は筆者による）
③ それぞれの活動がお互いに補強し合うようになっていること
④ プレーヤー同士が恒常的にコミュニケーションしていること
⑤ これらすべてに目を配る専任のスタッフがいる組織があること

共通の目標を有する主体が手を組みイシューごとのエコシステムをつくりだし、市場ニーズと社会課題を重ね合わせていく。例えば「②成果の測定手法の共有」を会宝産業が単独で行ったが、同じことをコレクティブに行うことも考えてみよう。

ドローン技術の活用で社会課題の解決を図りながらビジネスの成長をめざしても、さまざまな規制がその前に立ちはだかる。政府当局はもちろん、同じ社会課題の解決をめざすNGOとも協働できれば規制改正のハードルは低くなるだろう。

NGOとの協働など多様な主体との共通の目的に向けたコレクティブ（集団的）な取組みは、社会構造が複雑になる中で、企業がSDGsに実質的な貢献をするうえで重要度を増していくだろう。2019年２月の『ハーバード・ビジネス・レビュー』は「テクノロジーだけでは社会変革を起こせない」と題し以下のように「世の中を切り開くイノベーターの使命」として論じている[8]。

最先端のテクノロジーは社会の現状を追い抜いてしまう。しかし、制度や規制を無視して先走ったところで、社会に受け入れられることはなく、成功はおぼつかないだろう。規制当局を巻き込み、競合企業や利害関係者の信頼を得て、産業全体の発展を促すエコシステムをつくらなければならない。それこそが。世の中を切り拓くイノベーターの使命である[8]。

6.4　新しい技術による社会課題解決

6.4.1　SDGs—新技術の双方向のインパクト

画期的技術によってこれまでビジネスが超えられなかった壁を乗り越えることも起こっていくだろう。SDGsの観点からは、センシング技術、人工知能、ブロックチェーン技術といった新しい技術の組合せがさまざまな社会・環境課題の解決に貢献することが期待されている。当然のことながら新技術の活用のためには既存の規制の変革は常に課題となり、そのためには先に見たルール形成の視点も不可欠である。

(1)　環境破壊のトラッキングシステム

SDGsターゲット15.1は森林、山地などの持続可能な管理を掲げている。企業は熱帯での森林破壊を防止するために、原材料トラッキングシステムを活用し始めている。例えば、食品世界最大手のネスレ(スイス)は人工衛星を使い、森林の違法伐採を監視するシステムを導入している。2018年にはネスレがパーム油を調達する全農園に監視対象を広げた。同様の仕組みをパルプや大豆などにも広げる方針である。

一般に衛星画像の解析と人工知能によるビッグデータ解析が使われている。対象産品は木材、大豆、牛肉などで企業は生産活動が熱帯雨林など森林の破壊を引き起こさないかたちで行われることを目標としている。NGOがさまざまなトラッキングサービスの比較を行うほど多様な形態が登場しているが、映像の解析度、リアルタイム度、雲など気象条件の影響への対処などまだサービス改善のための余地が残されている。

(2)　空中基地局の設置によるデジタルデバイド解消

インターネットへの接続は発展途上国の人々の生活の質の向上、職業機会の提供のうえで大きな効果を有する。

SDGsターゲット9.cは「後発開発途上国において情報通信へのアクセスを大幅に向上させ、2030年までに普遍的かつ安価なインターネットアクセスを提供できるように図る」である。グーグルは、気球によるインターネット回線の確立をめざすプロジェクトに取り組んでいる。成層圏まで気球を飛ばし、そこにインターネットの基地局を浮かべることで、空中でインターネット回線をつくる。成功すればインターネットアクセス格差をゼロにできるとしている。

(3)　ブロックチェーン技術による電源透明化と電力の個人間売買

SDGsターゲット7.2は「2030年までに世界のエネルギーミックスにおける再生可能エネルギーの割合を大幅に拡大させる」である。

自社で使うすべての電力を再生エネで賄うことをめざす国際的な企業連合「RE100」がある。一方、自家発電のようなケースを除き、一般の発電所で発電され送電系統を通して供給される電気を使用する場合、系統には石炭火力、太陽光発電、原子力発電などあらゆる電源の電気が一緒になって流れている。そのため、使用段階で電源を特定することはできない。

しかし、これでは困る利用家が出てくるため、便宜的な方法として、再生可能電源の発電量を事後的に配分するという方法がとられる。

例えば、RE100に参加している企業は○○県の○○風力発電所が何月何日に発電した○○キロワットの電力を使用したといった「属性情報」を取得する。ただ、あくまで事後的便宜的想定であって、実際にそうだったわけではない。属性情報を必要とする企業や再生可能エネルギー電源が増えていく中でダブルカウントが起こらず(例えば、○○県の××風量発電所の2月3日の全発電量が実際の発電量を超えて配分されては困る)、透明性もあるなどの利点からブロックチェーン技術が活用されつつある。さらに、今後、自宅の太陽光発電の個人間の直接取引(P2P)、スマートコントラクトなどにブロックチェーン技術の特性が活かされることになるだろう。日本ユニシス、関西電力、東京大学などが参加して実証実験も進められているほか、有望なベンチャー企業も登場しつつある。例えば、電力シェアリング社(東京)は再生可能エネルギー由来の電気を買う需要家と売る個人・法人をつなげるプラットフォームを提供するとともに、環境省のブロックチェーンを使った電力の消費者間取引サプライチェーン事業をソフトバンクなどとともに牽引している。

(4) 仮想通貨による難民支援

「ブロックチェーン技術」ではなく「ブロックチェーン」つまり仮想通貨も発展途上国支援に活用され始めている。国際援助はなかなか真に援助を必要としている人たちに届かず、「中間搾取」の問題があることは公知のところである。そのような問題を解決するために、仮想通貨が使われた。国連の一機関であるWFP(World Food Program)は2017年に実証プロジェクトを行った。パキスタンの支援を要する家族に対して援助資金をスマホのアプリを使って仮想通貨で直接送金したのである。さらにプロジェクトは拡大され、ヨルダンの難民キャンプにいる1万人を超えるシリア難民に同様にブロックチェーンで援助資金を送金した。シリア難民はそのスマホの生体認証アプリを使ってブロックチェーン上の仮想通貨で地元の店で必需品を購入できるよう工夫されている[10]。SDGsターゲット1.a「あらゆる次元での貧困を終わらせるため(中略)相当量の資源の動員を確保する」取組みの一例である。

(5) パスポートの替わりにブロックチェーンによる身分証明

SDGsターゲット16.9は「2030年までに、すべての人々に出生登録を含む法的な身分証明を提供する」である。難民の多くはパスポートなど身分証明書類を有していない。ブロックチェーン上に身元に関する情報を蓄積しておけば政府発行の身分証明書に代わる機能を持つのではないか。また、そのような記録は人身売買や行方不明になった女性の確認にも使えるのではないかとも期待されている。ID2020は政府、NGO、民間企業が国連と行っている協力体であり、難民にブロックチェーン技術を使ったデジタル身分証を与えることを目的に活動している[10]。

6.4.2 地球のための「第四次産業革命」

コンサルティングファームのPWCは「地球のための第四次産業革命(Fourth Industrial Revolution for the Earth")と銘打った調査研究を公表している。報告書は人工知能にフォーカスをあて、人工知能がサステナビリティにいかに貢献できるか、気候変動、生物多様性、海洋保全、大気保全、気象と災害強靱性の5つの分野についてわけて検討している[11]。

(1)　AIと気候変動

SDGsゴール13は気候変動問題に具体的な対策を求めている。

人工知能は気候変動問題への取組みの方法を変容させつつある。少し前までは製品や設備の個々のエネルギー効率の向上が中心課題であった。しかし、AIはネットワーク全体についてのエネルギー効率の向上、さらにはモノの個数自体を減らすことなどを通じて包括的なエネルギー効率向上の道を拓いている。

例えば、人工知能の機械学習を活用することで発電量と電力需要のより正確なマッチングを通じた効率化が可能になっている。また、都市における移動需要のパターン認識を通じて公共交通と自家用車移動が統合されつつある。公共交通とプライベートな移動手段の壁は次第に低くなり、都市交通需要はよりより少ない車両とエネルギーで充足されることが可能になっていくだろう。

(2)　AIと生物多様性

SDGsターゲット15.5は「生物多様性の損失の防止、絶滅危惧種の保護、絶滅防止のための緊急かつ意味ある対策を講じること」である。

生物多様性維持はこれまで先端技術活用というよりは、どちらかというと人手をかけて生息環境を維持すると努力が中心であった。もちろん、このような取組みは引き続き重要であるが、この分野でも人工知能の活用が進んでいる。

その例が外来種対策である。森林における外来種の存在と病気を確認するために機械学習とセンサーの組合せが使われている。最新の技術を使えば外来種の雑草の発見まで可能である。野生動物の違法狩猟と取引の防止にもやはり人工知能が使われている。この場合は人工知能とドローンの組合せである。昼夜を問わずサイや象の密猟者をトラッキングし事前に発見するサービスも開始されている。

(3) AIと海洋問題

SDGsターゲット14.4は水産資源回復のため漁業の効果的規制、過剰漁業の防止などを掲げている。グローバルフィッシングウォッチはグーグルが環境保護NGOと協力して開設したウェブサイトである。世界の漁業活動の可視化が目的。人工衛星を使っておよそ20万隻の漁船の位置情報を解析し、地図上にプロットする。

グローバルフィッシングウォッチでは、表示された漁船の船名や所属国までわかるうえに、位置情報を機械学習にかけることによって使用している漁法や漁具まで判定できる。そのため、密漁や過剰漁業の問題を防止することに役立つことが期待されている。その他、海洋の状況、汚染水準、海温変化、pH濃度の変化も人工知能を使ってモニター、解析されている。

(4) AIと大気汚染問題

SDGsターゲット3.9は大気汚染による死亡及び疾病の件数の減少を掲げている。

大気汚染問題に関する人工知能の応用は、まずフィルターから始まった。人工知能を活用し空気の汚染度合いとその他環境データをリアルタイムでモニターしフィルター能力を適合さている。また、北京などの都市向けの大気汚染の予測ツールがIBM、マイクロソフトとベンチャー企業の協力で開発された。機械学習とIOTを結び付けて7日から10日先までの大気汚染の予測分析を行う。その際、使われるデータには気象衛星、駅、気象台、工場や産業の現場などからの情報のみならず、ソーシャルメディアで流れる情報までも活用されている。

(5) 既存技術の改良

サステナビリティへの取組みへの技術活用においては先端技術のみならず、既存技術の改良も重要な役割を演じる。マイクロソフトも「AI for Earth」を提唱して次のように述べている。

「このような技術的ブレークスルーが社会課題の解決のうえで大きな意味を持つことはあきらかである。そして、同時に人工知能やセンシング技術のように衆目を集める新技術だけではなく、既存技術が磨かれていくことで新しい社会イメージが可能になることもある」。

既存技術改良の重要性を示す例を見てみよう。将来のモビリティを考えるうえで電池技術は大きな鍵を握るが、リチウムイオン電池はどちらかといえば既に成熟した、全固体電池など次世代技術が商用化されるまでの過渡期的技術と見られてきた。しかし、2018年12月24日付『日本経済新聞』朝刊は「充電1回、東京—大阪走破へ　リチウムイオン電池が進化500キロ目前」と報じた[12]。中国政府はEV普及に向けてフル充電で走行距離が150キロに満たない車種への補助金を打ち切り、走行距離が長い車種への補助金を増額した。さまざまな仕組みを通じて社会課題解決にあわせて既存技術も進歩する。社会課題をみれば一定程度技術の進歩の方向も予想できるということでもある。

6.5　SDGsを一過性のブームにしないために

イギリスの人権NGOであるOXFAMは2018年9月に“Walking the Talk”と題し、企業のSDGsへの関与の変化の度合い関する調査を公表した。扱われているのはあくまでSDGsへの企業の取組みであるが、指摘されている事柄はサステナビリティへの企業の取組み全般の問題と通底する。以下の指摘が含まれている。

1)　チェリーピッキング

チェリーピッキングとは自分に都合のよいところだけをつまみ食いする行為のことである。さまざまある社会課題に自社及び自社のサプライチェーンがどの程度のインパクトを与えているのか、与えることが可能なのかを考慮せず、さしたる根拠なく手の届きやすい対象分野が決められている。

2)　ビジネスアズユージュアル（BUSINESS AS USUAL）

日常的に行われていることを超えて新しい意味ある行動が起こされていない。今既に行っていることとSDGsとの紐づけに留まっている。

3)　人権問題とのリンク

「誰一人取り残さない」はSDGsの中心テーマであるにもかかわらず人権アジェンダと企業のSDGsへの取組みのリンクは非常に薄い。

報告書を通じOXFAMはSDGsを「企業のコミュニケーションツール」以上のものにしなければならないと指摘している。

OXFAMの指摘はそのとおりであるが、従来型の事業戦略の枠内に企業の対応が留まる限りSDGsへの取組みは、採算性のハードルを越えられず、いつの間にか当初の高い志が「コミュニケーションツール」に矮小化されてしまうことになりかねない。

ビジネスを通じて社会課題を解決するためには、ビジネスの側において、社会制度やルールを与件とせず自ら変革する大きな事業戦略を描くことが求められている。SDGsを一過性のものに終わらせないためには、新しい着想が求められているのである。

第6章の参考文献

[1] 国際連合広報センター：“SDGsのロゴ”、国際連合広報センターHP
https://www.unic.or.jp/files/sdg_logo_ja_2.pdf

[2] 国際連合広報センター：“MDGsの8つの目標”、国際連合広報センターHP
https://www.unic.or.jp/activities/economic_social_development/sustainable_development/2030agenda/global_action/mdgs/

[3] JETRO：「企業のサステナビリティ戦略に影響を与えるビジネス・ルール形成」、2018年。
https://www.jetro.go.jp/ext_images/_Reports/02/2018/656c1cfdc85fb159/rp201806.pd

[4] 「SDGsに着目、社債投信－三井住友DSが設定」、『日本経済新聞』、2019年5月28日。

[5] アップル環境責任報告書

[6] 市川芳明：『「ルール」徹底活用型ビジネスモデル入門－SDGs対応を強みに変える』、第一法規、2018年。

[7] 井上英之：「コレクティブ・インパクト実践論」、『ハーバード・ビジネス・レビュー』、2019年2月号、ダイヤモンド社。

[8] タルン・カナ：「テクノロジーだけでは社会変革は起こせない」、『ハーバード・ビジネス・レビュー』、2019年2月号、ダイヤモンド社。

[9] 「みんな電力、電源透明化し電力取引 ブロックチェーン活用」、『日本経済新聞』、2019年1月21日朝刊。
https://www.nikkei.com/article/DGKKZO40117540X10C19A1FFR000/

[10] Ori Jacobovitz：“Blockchain for Identity Management”, *Technical Report* #16-02, December 2016, The Lynne and William Frankel Center for Computer Science Department of Computer Science, Ben-Gurion University, Beer Sheva, Israel.
https://www.cs.bgu.ac.il/~frankel/TechnicalReports/2016/16-02.pdf

[11] PWC：*Fourth Industrial Revolution for the Earth － Harnessing Artificial Intelligence for the Earth －*, January 2018.

https://www.pwc.com/gx/en/sustainability/assets/ai-for-the-earth-jan-2018.pdf
[12] 「充電1回、東京―大阪走破へ　リチウムイオン電池が進化500キロ目前」、『日本経済新聞』、2018年12月24日。

第7章

サステナビリティ・ミックス

7.1 「ONE-DAY PURPOSE」：いつの日か実現しよう

7.1.1 社会を変えるために

GRI(Global Reporting Initiative)は2025年に向けた新しいレポーティングを考えるプロジェクトを立ち上げ、2016年に「次の時代の企業開示」(The Next Era of Corporate Disclosure」と題する深い内省をともなう最終報告書を発表した。レポーティングがいつの間にか「透明性のための透明性」となり、自己目的化しているのではないかとGRIは自問する。

最終報告策定過程で作成された第一次レポートの冒頭は以下のように述べる[1]。

> 今日、意思決定者、企業、その他の組織はそれぞれが変化するために必要な情報を手にしている。しかし、多くの場合情報は使われないままになっている。情報はそれだけでは変化につながらないのである。

GRIはマテリアリティ概念の導入などCSR情報開示の世界をリードしてきた。KPMGによれば世界のトップ250社のほぼすべてがCSR報告書を出し、セクターごとに見ても、どのセクターでもセクターに属する企業の最低62%が報告書を出している。「CSRって何のこと？」の時代であった1999年に早くも最初のCSR報告のガイドラインを策定した情報開示の本家本元のGRIがこのような問題意識を発していることは示唆に富む。

では、何が欠けているのか？　解答も第一次レポートの冒頭にある。

「ビジョンに導かれた意思決定プロセスに使われてはじめて情報は変化を引き起こす」

「ビジョン」である。もちろん、情報開示には企業間比較、リスク管理、社会環境への影響の可視化などそれ自体として重要な意味がある。しかし、最大の目的がサステナブルな社会に向けた変化を起こすことであるとすれば、情報が情報として開示されるだけでは必ずしも十分ではない。GRIの最終報告の結論を一言でいえば「ビジョンあっての情報」である。

(1)　フォーカス

ビジョンに向けた戦略的フォーカスの仕方についてGRIの最終報告はいくつかのオプションを提示している。

1)　グリーンエコノミー、循環経済、コラボラティブ・エコノミーなど一定の社会経済モデルを選択し、そのモデルに向けた取組みに焦点を絞り、目標とするモデルへの接近を進捗として開示する。

2)　SDGsの諸目標への貢献に焦点を絞る。SDGsはさまざまなターゲットが具体的にあげられているためフォーカスしやすい。ただSDGs全般を対象にするのか、それとも一定の分野に絞るのかということは考慮を要する。

3)　対象ユーザーを絞る。金融ステークホルダーがもっとも企業にとって影響力のあるステークホルダーだと考えた場合、開示内容を金融ステークホルダーの関心事項にフォーカスする。IIRCの統合報告はまさにこの典型例で投資家を読者として想定していることが明記されている。

4)　外部経済性を数値評価することに焦点を絞る。

(2)　ビジョン

筆者は組織が実現をめざす社会経済のあり方をビジョンとして掲げ、その実現に向けて情報を活用していくことが企業自身と社会に変化をもたらす最も有効な方法であると考えている。その関連で紹介したい報告書がある。アップルの環境責任報告書[2]である。

7.1.2　アップルの報告書の特徴

どこの会社の報告書がよいかと質問を受けることがある。どの報告書にも優れた面があり一概には言いにくいが、いくつか強い印象を受けた報告書はある。1つは第3章で紹介したアシックスのサステナビリティ報告書であり、もう1つがアップルの環境責任報告書である。

一読して1つ意外な感を受ける。アップルの環境責任報告書にはSDGsについての言及がない。関係者とさまざまな議論を経て私が出した結論は自らの世界観（ビジョン）が明確であることがその理由であろうというものだ。アップルの報告書の内容をSDGsの枠組で整理することは当然可能であるが、そのようなことはなされていない。

そして非常にフォーカスされた内容である。具体的には

- 気候変動
- 資源（マテリアル）
- より安全な素材

この3つの分野、アップルが最大の貢献ができる3分野に絞り込まれている。ここではとりわけアップルらしさが表れているマテリアルについての取組みを紹介したい。

> 我々は、いつの日か（one day）新製品を一切新しいマテリアルを使わずにつくるというゴールに向けて前進している。この努力はイノベーションによって駆動されている。最新の製品分解ロボット、デイジーを開発したデイジーは9種類のiPhoneを分解し、高品質のコンポーネントをリサイクルに向けて仕分けすることができる

2017年に宣言された目標は“a closed-loop supply chain”である。すべてのアップル製品がリサイクル材料か再生可能材料のみから作られ、製品寿命の尽きた製品の材料は再びアップルもしくは他社によって利用される。リニアなサプライチェーン、つまり鉱物資源の採掘にはじまり、製品が製造され、不要になった後には埋め立てられる直線的なサプライチェーンに対して、閉じた円弧をなすサプライチェーン。これこそアップルが実現をめざす社会経済像にほかならない。アップルはこの目標を「one day（いつの日か）実現したい」と語っている、数年で達成の目算が立つ目標はビジョンとは言わない。より遠くにあ

り、手が届くかどうかわからないが、しかし、それでも実現をめざして前進努力すべき目標であり世界像がビジョンである。「いつの日か」実現したい世界なのだ。

アップルはビジョン実現のため、製品解体ロボットの開発まで行った。海外では一般に製品をシュレッダーし素材ごとに仕分けをする。回収可能な素材の種類が制限され素材の品質も低下する。他方、日本では手作業による分解作業がシュレッダー工程の前にあるが、大物家電では可能だがスマホのような小型製品の手による分解は無理がある。そこをアップルは専用ロボットの開発で克服しようとしている[2]。2018年に発表された分解ロボット、デイジー(Daisy)は2016年に登場したライアム(Liam)に次ぐ2世代目であり、9つの世代のiphoneを1時間に200台解体できる。もちろん、円弧に閉じたサプライチェーンの実現にはこれでもまだ小さな一歩かもしれない。しかし、ビジョンへのコミットメントへの強さを表すに十分である。

アップルの環境報告書には扱われていないイシューもある。その点を批判的に論ずることも可能である。しかし、アップルは上記3つの環境課題に絞って取り組んでいる理由も明確にしており、何よりも自社のビジョンの実現に向けた取組みに情報が活用されている。「ビジョンあっての情報」である。

7.2　サステナビリティ・ミックス

7.2.1　複合的変化の進行

サステナブルな社会への移行は多様な要因－国際的取り決め、国や地方政府の政策規制、技術革新、企業の戦略、人々のパーセプション、新しいものの見方(例えば座礁資産)などなど－が相互に触発し、増幅しあいながら進んでいく。

人々の認識の変化に政治や企業は反応し、特定の技術への投資が優先されたり、選択肢から外れたりする。新しいものの見方はときに国際的なムーブメントの出発点となり、国際的なイニシアティブは社会の規範に影響を与え、新しい規制を生み出し、イノベーションを促し、人々の購買選択に影響を及ぼす。無数の相互作用が進行し社会全般を通じた資源配分の変化が起こり、社会はサステナブルな社会に向けて動きだしつつある。企業がNGOに叩かれながら孤軍奮闘してCSR経営を進めていた時代に比し、経営の前提条件が総体としてサステナビリティに向けて共振現象を起こしながら動き出しているのが今日の特徴である。企業は社会変化を経営や事業に統合しサステナブルな社会実現の推進力にもなり得るし、逆に変化を捉え損ね環境変化の中で淘汰されてしまうことも起こり得る。

まずは、現在生起しつつある変化のダイナミックな力強さと速度を認識することである。本書の第6章までで、その姿の一端を示した。今一度思い返していただければ、サステナブルな社会に向けた変化は往々にして我々の目の届かないところで起こっている。例えば、タクソノミーパックのように目を通すのも億劫になる多分に技術的なものも、その総体としての潜在的影響力は過小評価できない。世界的な金融の「サステナビリティ・ターン」もきわめて強力かつ鋭角に起こりつつある。SDGsは「競争のあり方を変えている」のであり、戦略構想を練り直せるかどうかが将来の競争力に大きく影響する。これらすべては絡み合っている。

本書のタイトルを『サステナビリティ・ミックス』とした理由の1つはインタラクティブで共振的な現在進行形の変化のスナップショットを読者に見ていただきたいという小さな願望も含まれている。

7.2.2 「ポスト資本主義」としての「サステナブル資本主義」

(1) 資本主義のサステナブル化

資本主義の歴史は資本主義批判の歴史である。今日もそうである。元来「ポスト資本主義」の新しい社会経済システムとして登場した共産主義が機能を停止した後、資本主義に取って代わる次の社会経済システムを説得的に語ることができる人は世界を見渡しても現れていない。当面、資本主義は否定されるよりも修正されていくものとして捉えていくしかないのだろう。資本主義は時々の批判を受け入れて変容し、その度により強い自己正当化のロジックを手に入れてきた。産業革命当時のイギリスの資本主義と今日の資本主義はまったく別ものである。資本の論理を呵責なく生々しく追求していた当時の資本主義はもはや一般的姿でもなく、まして規範的でもない。チャップリンが告発したモダンタイムス的な歯車的労働者像もしかりである。今では人の創造性こそ資本主義の原動力とされる。「人々の創造性を喚起することができる」システムとして理念的後ろ盾を手にしたのである。このように資本主義は絶えず自らを「社会化」し続けてきた。この柔軟性(打たれ強さ)こそ資本主義の大きな特徴であり、強みである。

資本主義の今日の「社会化」は主に「サステナブル化」が占めている。最も強い資本主義批判がサステナビリティの観点からなされているからにほかならない。サステナブル化は、多様な要素を包含する幅広い動きであることから、実際にはイシューごとの「サステナビリティ・エコシステム」の形成と進展というかたちで進みつつある。SDGsはサステナビリティ・エコシステムの一覧表ともいえる。企業はいくつものサステナビリティ・エコシステムの住人であり、サブシステムをステークホルダーと共有している。

(2)　今あるものの統合「サステナビリティ・ミックス」

今日までCSR、CSV、ESG、SDGsなどさまざまなコンセプトやイニシアティブが登場した。しかし、「これにて打ち止め」とはいかないだろう。将来さらに一世を風靡する新たなコンセプトが登場してくるに違いない。肝心なことは、いたずらに時流に流されず社会課題の解決を実現しながら成長を実現していくための軸をしっかり持つことである。そのために全く新しい馴染みのない何かが必要なわけではない。求められるのは既存の経営資源や考え方を組み換え新しいく統合していくことである。そのことを「サステナビリティ・ミックス」と呼ぼう。サステナブル経営の「軸」としての6つのサステナブル・ミックスについて述べ本書の締めくくりとしたい。

7.2.3　6つのサステナビリティ・ミックス(Six Sustainability Mix)

(1)　「責任」と「機会」

1つ目は「責任」と「機会」である。「責任」とは本質的に任意的なものである。何ごとか必ずしなければならない「義務」とは異なる。もちろん、「義務」を果たすことが容易だというのではない。難易の次元を超えて両者は異なる。「義務」はあきらかな義務である限り履行の是非は議論の対象にならないが、「責任」は違う。CSRとCSVそれぞれの是非について議論があった際、議論の観念的争点は「企業の社会的責任」の「責任」という言葉にあったように思う。CSRの言う「責任」が、重苦しい倫理感をまとい、CSRをビジネスから乖離させたと考えられたのかもしれない。CSVの語る「バリュー」は倫理中立的用語である。しかし、社会課題の解決に取り組む場合、CSRとしてであろうが、CSVであろうが、「責任」は必然的に求められる。社会への責任感が基礎になければ「共有」の価値を生み出すことは難しい。

よく「リスク」と「チャンス」はコインの両面であるといわれる。ビジネスがサステナビリティの向上に取り込む際、コインの表側には「リスク」と「チャンス」の双方が、裏側には「責任」が刻印されている。「責任」がリスクを引き受け、チャンスをものにすることを可能にするのである。

⑵ 「社会」と「マーケット」

2つ目は「社会」と「マーケット(市場)」を重ね合わせることである。ビジネスを通じて社会課題を緩和、解決するとは、社会課題を市場ニーズ化することの謂いである。既述した3つのボールの並べ方(図表6.4)を思い返してほしい。ボールを「企業」→「社会」→「製品・サービス」と並べる。「よりよい製品を出せば社会はよくなる」式の「社会」をナラティブの終点に置く発想とは違うもう1つの並べ方である。

「社会課題発のビジネス」のはずが収益を伴わない「社会貢献」に終わってしまうことがあまりに多いことの理由はこの並び替えが十分にできないことに一因があると筆者は考えている。

社会課題とマーケットニーズのベン図(図表7.1a)があった。企業が能動的に社会変化を起こしていくことによって、2つの楕円は相互に重なる領域が拡大していく。「マーケット」と「社会」のミックスの最終的にめざす姿は自社から見た2つの楕円が図表7.1bのように重なり1つになることである。社会全体としてこのようなことが起こるためには市場の外部性をマーケット内部に取り込んでいく大きな制度改革が必要である。しかし、個々のエコシステム単位で考えれば企業の戦略のあり方次第で十分可能である。

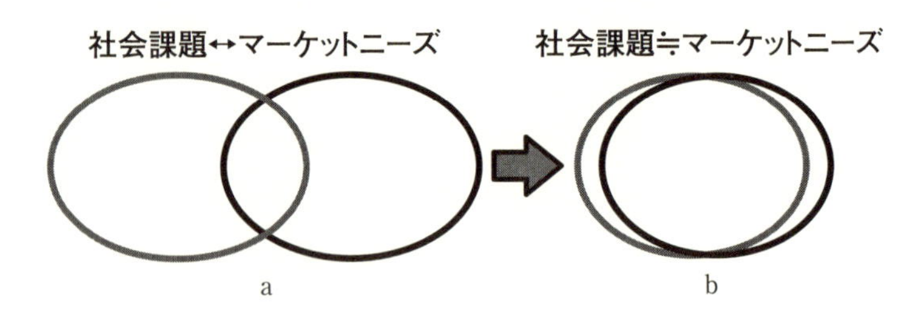

図表 7.1　社会課題とマーケット（市場）ニーズの関係

(3)　「『いつの日か』のビジョン」と「伝える力」

3つ目は「ビジョン」と「伝える力」の連接である。サステナブルな世界をつくり上げる営為は差し迫った課題であるが。同時に長い道のりを要する営みである。長期を見据えた意気込み、大志、崇高な目標が必要となる。多くの会社は中期経営計画を立てるが、「いつの日かこういう社会にしたい」は5年計画では語りつくせない。時間で縛ればビジョンの大きさも縛られる。中期経営計画を超えて社会の在るべき姿を語る言葉を持たなくてはならない。

「そんなことを言って、できなかったらどうするんだ」

「いつまでにやるんだ」

「できなかったら誰が責任をとるのだ」

これらの問いは一旦棚上げしよう。「言った以上絶対にやれ」型の責任追及は高い志を打ち出すことを困難にし、組織を「できることしか言わない」守りの組織にしてしまう。「いつの日かこういう社会をつくりだい」という思いを誰が批判するのか。完全な実現などおそらくあり得ない。それでもビジョンを語る会社に世界は敬意を払うのである。

製造や営業現場における緻密さももちろん大切だ。同様に社会に広く訴えかけ世界を変革するための大きなビジョンも大切なのである。前者の文化で後者を圧殺すれば、会社は改善を続けながら目先の目標を追い続ける、地道だが短視眼的な存在になりかねない。

筆者がブラッセルで活動していたとき、ときのEU代表部日本大使が「目標のアイデアはヨーロッパに、実施のアイデアは日本にある」と述べたが、そのとおりのように思われる。しかし、これからの日本企業、いや日本人一人ひとりのチャレンジはこの「目標」と「実行」のアイデアを併せ持つことである。緻密な積み上げから出てくる目標だけを目標と考えれば新しい世界をつくることは困難である。

「『いつの日か』のビジョン」は「ビジョンありき」で構わないのである。然るべきしてそうなのである。後先を考えすぎることなくまず高らかに理念を掲げ、世界と対話を始めよう。きっと景色が一変する。

⑷「G」と「E、S」、「E」と「S」

4つ目めは「E」、「S」、そして「G」の一体化である。まず「G」、ガバナンスの捉え方を再度確認しておこう。ガバナンスとは「経営資源を配分し価値を生み出す過程で企業がステークホルダーに対して有するある種の「力」を統治する仕組み」であった[5]。「内部統制」は会社が内部に対して有する「力」を統治することであるが、「G」のすべてではない。企業は外部のステークホルダーに対しても「力」を有している。環境を害する力も、改善に寄与する力も有している。人権侵害をする力も、人権侵害を阻止する力も有している。E(環境)とS(社会)に対して企業が有している力を統治することはG(ガバナンス)の役割である。

サステナビリティの観点からガバナンスについて深く考える時期に来ている。EUの非財務情報開示では取締役の果たす機能が重要な開示事項とされている。取締役のサステナビリティに関する能力、取締役会でのサステナビリティに関する議論検討などである。環境、社会に対する企業の力を「統制」するガバナンスの構造が求められている。「E」と「S」は「外」、「G」は「内」ではない。会社が環境課題と社会課題に適切に取り組む(力を行使する)ことを担保するのは「G」の役割なのである。

具体的にはどういうことか。CSRやサステナビリティを経営に統合するにあたって常にいわれることは「トップのコミットメント」である。まさにそのとおりなのだが、トップにCSRやサステナビリティへのコミットメントを問う責務を負うのはガバナンスの主体であるボードである。

もちろん、実務からのボトムアップは重要かつ不可欠である。しかし、CSRに関連するイシューについて社外取締役から問題提起される可能性が常にあればボトムアップも円滑かつ迅速に機能し、部門間調整の難しさも違ってくるはずだ。環境・社会イシューについて深い理解を基にした適切な問いをトップに投げかけられる社外取締役や委員会の存在は、企業がこれからの社会のサステナブル化に対応し、さらに先んじていくうえで大きな鍵になる。サステナビリティに関する専門性を有する社外取締役の存在の有無が重要な開示項目とされ、企業のESG評価に影響する理由もここにある。

さらに、「E」と「S」のリンクも焦点の1つとなる。EUタクソノミーフレームワーク規制が導入したミニマムセーフガードによる環境と人権の抱き合わせ政策のインパクトは大きいだろう。今度の方向性を示唆する。環境課題は、社会課題なかんずく人権問題に比し相対的にビジネスに馴染みやすい。逆に言えば人権対応は後回しになりがちである。しかし、ミニマムセーフガードの考え方は国連人権指導原則などを実施していない企業の環境対応を環境への実質的貢献と認めない。企業も能動的に「S」と「E」の取組みの一体化を進めていくことに知恵を絞る時期に来ている。

(5)　本社、現地法人、社外

5つ目は社内の機能とリソースの有機的結合である。事業執行には3つのミックスが必要である。まず本社の機能である。ある外資系企業ではCSR部長、法務部長、パブリックリレーションズ部長は部屋を並べ常に連携し一体で動くことが求められる。

CSR部とパブリックリレーションズの連携は、一言でいえばCSRについての社会との対話をより広い文脈の中に位置づけ社会と双方向で行うためである。また、法務部の位置づけであるが、外国企業における法務部の役割はルールメーキングが中心である。

日本GEの法務担当者は次のように述べている。「法令順守の対応を超えて、そもそも法律自体が変えられないか、不利に働く法律ができる前に軌道修正できないか、そこを私たちがフォローしています」。

戦略的なコミュニケーションとルール形成とCSRが一体となって機能すること。これは図表6.4で述べた「企業」、「社会」、「製品・サービス」の3つのボールをこの順番で並べて戦略を実行していくために必須のことなのである。

また、海外現地法人と本社の一体化も非常に重要である。ある日本企業は日本本社、海外現地法人の垣根を越えて人権や温暖化といったイシューごとにイシューリーダーを一人おいていた。多くは海外現地法人の若手の外国人社員であった。彼らの高いモチベーションは新しいうねりをもたらした。

本社が決めて海外に伝達する一方向のCSRではせっかくのグローバル組織の潜在力を生かしきれない。1つには、サステナビリティ・イシューに関する限り海外現地法人のスタッフのほうが本社よりもアンテナが高いことが多いからである。もちろんこれは熱意や能力の問題ではない。置かれている社会の「空気」の違いが大きい。したがって、サステナビリティに企業として取り組むためには海外組織を巻き込み、責任を分担しグローバルに組織全体が一体となって動くことが効果的である。

さらに、社外との「コレクティブ・インパクト」の実践である。他社、NGO、政府など組織外との協働である。社内、海外現地法人、そして社外のステークホルダー。すべてがコレクティブに動くことで社会の変革は身近なものになる。

7.2.4 「出現するサステナブルな未来」に向けて

6つ目の最後のサステナビリティ・ミックスは「自己変容」と「社会変化」の一体化である。マサチューセッツ工科大学(MIT)のピーター・センゲ他の著書『出現する未来』[6]はVUCA(Volatility：変動的、Uncertainty：不確実、Complexity：複雑性、Ambiguity：曖昧さ)の時代の個人と組織がいかに学習し適切に自己変容をしていけるかについてさまざまな示唆を与えてくれる。

世界がVUCAであるがゆえに「見る」ことが必要である。ただし、「見る」と「見える」は違う。多くの組織は「見よう」としていても「見えない」。

「フォーチュン500社の多くが数世代以上続かないのは、資源の制約ではなく、直面する脅威と変化する必要性が見えないためである」[6]とセンゲは言う。

「見える」ためには、習慣的なメンタルモデルを通して見るのではなく、判断を保留したうえで見なければならない。「まえがき」で紹介したウォルター・リップマンの箴言、“We do not first see, and then define. We define and then see.”(我々はまず見て、それから判断をするのではない、あらかじめ判断をしたうえで見るのである)を思い返してほしい。

判断を一旦棚上げする所為は、無意識にしている習慣的見方を意識化し、さらにそれを相対化する作業を要する。

相対化するとは自分が強固にもっている世界の見方以外にも別の見方があることを理解することである。

エンジン車が販売できない時代が来るのではないか、「会社→製品・サービス→社会」とは違うナラティブがあるのではないか、社会課題と市場ニーズは別ではないか、SDGsとは競争のあり方を変えるものではないか、EUのサステナブル・タクソノミーの概念明確化のインパクトは想像以上に大きいのではないか、などと述べた。それは、1つには多くの日本のビジネスパーソンが、慣れ親しんだ(無意識的な)メンタルモデルとズレた世界イメージを示すことを通じて、判断を留保してもらうためである。

さらに、必要な行動を起こすためには全体が見えなければならない。全体を見えるといっても我々は地球儀を眺めるように外から全体を俯瞰することはできない。人も組織も全体の「世界内存在」であるからだ。あなたが変化すれば全体も変化する。だから全体を真の意味で客観視はできない。そこでセンゲは「『真の全体に出会う』とは、『目の前』の現実の裏にある生成過程を肌で感じること」だと言う[6]。「肌で感じる」最善の方法は能動的に働きかけることである。サステナブルな社会の生成過程を肌で感じる最も有効な方法は自ら行動を起こし、アクションとリアクションの連鎖の網の中を前に進んでいくことである。世界内存在である我々は、自ら働きかけ全体を変化させ、そのことを通じて自らも変化する。この営みを繰り返していく企業が出現しつつあるサステナブルな社会において価値ある企業として成長していくのではないだろうか。

以上が、私の考える時流を超えた経営の軸としての6つの「サステナビリティ・ミックス」である。「責任と機会」、「社会とマーケット」、「ビジョンと伝える力」、「EとSとG」、「本社と現地法人と社外」、そして「自らの変容と社会の変化」。これらの一体化は、サステナブルな社会が出現しつつある今日、日本の組織、日本の社会、そしてこの社会に生きるわれわれ1人ひとりが傍観者になるのではなく、小さな力かもしれないが、それであっても新しい経済と社会の生成の力となるために、何がしか役に立つのではないだろうか。そのことを念じながら、また最後までお付き合いいただいた読者のみなさまに感謝しつつ筆を置くことにしたい。

第7章の参考文献

[1] GRI：*The Next Era of Corporate Disclosure*, 2016.
https://www.globalreporting.org/resourcelibrary/The-Next-Era-of-Corporate-Disclosure.pdf

[2] Apple：*Environmental. Responsibility Report. 2018 Progress Report, Covering Fiscal Year 2017,*
https://www.apple.com/jp/environment/pdf/Apple_Environmental_Responsibility_Report_2018.pdf

[3] Apple：*Apple's 2017 Environmental Responsibility Report, covering fiscal year. 2016, 2017.*
https://www.apple.com/environment/pdf/Apple_Environmental_Responsibility_Report_2017.pdf

[4] フランシス・フクヤマ 著、会田弘継 翻訳：『政治の衰退 上 フランス革命から民主主義の未来』、講談社、2018年、p.20。

[5] アムンディ・ジャパン編：『社会を変える投資 ESG入門』、日本経済新聞出版社、2018年。

[6] P. センゲ、O. シャーマー、J. ジャウォースキー 著、野中郁次郎 監訳、高遠裕子 訳：『出現する未来』、講談社、2006年。

索　引

【か行】

【さ行】

著者紹介
藤井敏彦(ふじい　としひこ)
多摩大学大学院客員教授
独立行政法人経済産業研究所コンサルティングフェロー
1987 年東京大学経済学部卒
同年通商産業省(現経済産業省)入省
1994 年ワシントン大学(シアトル)ＭＢＡ
2000 − 2004 年 JBCE (在欧日系ビジネス協議会)事務局長、対 EU ロビイストとして活動。
CSR、ルールメーキング、ロビイングなど広く企業経営と社会の相互関係を研究対象とし、歴史、哲学、宗教などに関する深い洞察に立脚した経営論、イノベーション論は高い評価を受けている。講演、執筆等多数。
主著に『ヨーロッパの CSR と日本の CSR』(2005 年、日科技連出版社)、『競争戦略としてのグローバルルール』(2012 年、東洋経済新報社)など、編著に『グローバル CSR 調達』(2006 年、日科技連出版社)、共著に『アジアの CSR と日本の CSR』(2008 年、日科技連出版社)などがある。
連絡先：fujii10415csr@gmail.com

サステナビリティ・ミックス
－CSR、ESG、SDGs、タクソノミー、次に来るもの－

2019年10月25日　第１刷発行

著　者　藤　井　敏　彦
発行人　戸　羽　節　文

検　印
省　略

発行所　株式会社　日科技連出版社
〒151－0051　東京都渋谷区千駄ヶ谷5-15-5
DSビル
電　話　出版 03-5379-1244
営業 03-5379-1238

Printed in Japan　印刷・製本　株式会社金精社

ISBN 978-4-8171-9678-1
URL http://www.juse-p.co.jp/